多维视角下的适老化设计策略研究

王艳敏　徐　麟◎著

中国商业出版社

图书在版编目（CIP）数据
多维视角下的适老化设计策略研究 / 王艳敏，徐麟著. -- 北京 : 中国商业出版社，2025. 4. -- ISBN 978-7-5208-3365-3
Ⅰ. TU241.93
中国国家版本馆CIP数据核字第2025Q09H27号

责任编辑：滕　耘

中国商业出版社出版发行
（www.zgsycb.com　100053　北京广安门内报国寺 1 号）
总编室：010-63180647　编辑室：010-83118925
发行部：010-83120835/8286
新华书店经销
优彩嘉艺（北京）数字科技有限公司印刷
*
710 毫米 ×1000 毫米　16 开　10.75 印张　175 千字
2026 年 1 月第 1 版　2026 年 1 月第 1 次印刷
定价：60.00 元
****
（如有印装质量问题可更换）

前言

QIANYAN

随着全球老龄化进程的加快，老年人的生活需求和健康问题越来越受到社会的广泛关注。在中国，随着社会经济的不断发展和人均寿命的延长，老年人口比例不断上升，这对社会各个方面提出了新的挑战和要求。为应对这一挑战，适老化设计作为一种新兴的设计理念，旨在为老年人创造一个更为舒适、安全和便利的生活环境，逐渐成为研究和实践的热点。本书旨在从多维度深入探讨适老化设计的理论基础、规则依据及其在实践中的应用。

本书共分为五章。第一章老年人相关状况概述，从生理、心理、认知等多个方面探讨老年人的变化，为适老化设计提供科学依据。第二章老年人的日常生活情况概述，介绍了老年人的出行、生活环境及沟通方式。第三章系统性地探讨了适老化设计的理论基础，帮助读者了解老年人的情感需求、理解适老化服务设计的基本理论和关键要素，并为实际操作提供规则依据。第四章则着重于适老化设计的实践应用，探讨了社区养老、机构养老、老年宜居环境、智能养老和家用电器的适老化设计。第五章从老年人日常活动视角出发，探讨了老年园艺活动、音乐活动、体感游戏、健康旅游和大学课程等方面的适老化设计。

本书通过多维视角的研究和分析，力求为适老化设计领域提供系统、全面的理论支持和实践指导。希望通过本书的研究，能够推动适老化设计的发展，为老年人创造一个更为宜居、安全和舒适的生活环境。

本书系以下课题研究成果：

1. 内蒙古自治区直属高校基本科研项目《绿色康养理念下呼和浩特市康养机构老龄群体服务供给体系研究》（课题号为 NZJK202307）。

2. 内蒙古自治区教育科学研究“十四五”规划 2023 年度课题《“双高”背景下内蒙古适老化改造服务体系建设人才培养创新与实践研究》（课题号为 NZJGH 2023302）。

3. 2024 年度全国高等职业院校创新创业教育研究专项课题《跨学科创新创业教育模式背景下内蒙古老化改造服务体系建设人才培养模式探索研究》（课题号为 2024CMC067）。

4. 2023 年度中国建设教育协会教育教学科研课题《建筑行业转型升级背景下内蒙古适老化改造服务体系建设人才培养创新与实践研究》（课题号为 2023369）。

本书在编写过程中，搜集、查阅和整理了大量文献资料，在此对学界前辈、同人和所有为此书编写工作提供帮助的人员致以衷心的感谢。由于篇幅有限，因此本书的研究可能存在错漏和不足，恳请各位专家、学者及广大读者提出宝贵意见和建议。

目录
MULU

第一章

老年人相关状况概述

第一节　我国老年人的基本状况

一、人口统计与预测

我国的老龄化进程正在加速，老年人口在总人口中的比例持续上升，这一变化对社会、经济和政策产生了深远的影响。

（一）人口统计及影响

国家统计局发布的数据显示，截至 2023 年，我国 60 岁及以上的老年人口已超过 2.9 亿，占全国人口的 21.1%。其中，65 岁及以上的人口超过 2.1 亿，占全国人口的 15.4%。这一比例较 2010 年的 13.3% 显著上升，表明老龄化现象正在加剧。

老年人口的增加，意味着对养老、医疗和长期照护服务的需求不断增长。随着 60 岁及以上老年人口比例的上升，退休人员的养老金支出、医疗保健费用以及对专业护理服务的需求也随之增加。这不仅给国家的社会保障体系带来压力，也对家庭经济状况提出了更高的要求。政府需要不断调整和完善养老保障政策，确保老年人的基本生活和医疗需求得到满足。

另外，人口老龄化对劳动力市场也产生了影响。随着老年人口比例的上升，劳动年龄人口（通常指 15 ～ 64 岁的人口）的比例相对下降，这可能导致劳动力短缺，影响经济增长的潜力。为了应对这一挑战，中国可能需要通过延长退休年龄、鼓励老年人再就业或技术进步提高劳动生产率。

此外，老龄化还对家庭结构和居住模式产生了影响。当下，我国的家庭结构趋向小型化，传统的多代同堂家庭模式逐渐减少。这可能导致老年人在家庭中的支持网络变弱，增加了对社会化养老服务的需求。

（二）预测

人口老龄化是一个全球性问题，我国作为世界人口大国，其人口老龄化的速度和规模对全球都具有重要影响。根据我国人口普查及人口研究中心预测数据，预计 2030 年前后，我国 60 岁以上的老龄人口将增至 4 亿左右；到 2050 年，我国 60 岁以上和 65 岁以上的老龄人口总数将分别达 4.5 亿和 3.35 亿，这意味着到那时我国每 3 个人中就有 1 个老人。

从全球范围来看，生育率下降是一个大趋势。生育率的下降意味着新一代出生人数的减少，从而导致劳动力市场紧缩、养老负担加重以及社会结构的改变。

生育率下降的原因是多方面的，包括经济压力的加大、教育投资的增加、女性就业机会的增多以及生育观念的转变等。随着社会的发展，越来越多的家庭选择生育较少的孩子，这不仅影响了人口结构，也对经济增长和社会稳定提出了挑战。

与此同时，医疗技术的进步和生活条件的改善显著延长了人类的平均寿命。预计到 2050 年，我国老年人的平均寿命将达 84 岁，这将会使老年人口的比例进一步上升。寿命的延长意味着社会需要为更多的老年人提供长期的医疗保健和养老服务，这对公共财政和社会保障体系构成了巨大压力。

城市化进程的加快也对人口老龄化产生了影响。随着大量农村人口向城市迁移，老年人口也逐渐向城市集中。特别是在东部沿海地区，城市老年人口占总老年人口的比例已经达到了 62%。城市化带来的更多的发展机会和更好的生活条件吸引了老年人口，但同时也加剧了城市资源的紧张，如住房、医疗和养老服务等。

（三）性别比例

在老年人口中，女性的比例显著高于男性。2023 年数据显示，60 岁及以上的老年女性人口为1.41亿，占该年龄段总人口的53.7%。这一性别差异源于女性的平均寿命较男性长。女性在老年阶段面临更多的健康问题，包括骨质疏松、乳腺疾病和心理问题等。此外，女性老年人通常承担更多的家庭照料责任，对社会支持的需求也更为迫切。

（四）健康与经济状况

在健康状况方面，老年人由于生理机能的衰退，更容易受到慢性疾病的困扰。2023年的数据揭示了60岁及以上老年人群体中普遍存在健康问题。约有72%的老年人患有至少一种慢性病，其中高血压、糖尿病和心脏病是最常见的疾病。这些慢性病不仅对老年人的生活质量构成威胁，还可能导致长期的医疗费用和护理需求增加。慢性病的管理需要持续的医疗关注和药物治疗，这不仅增加了个人和家庭的经济负担，也对社会医疗资源提出了更高的要求。

在经济状况方面，老年人群体的经济差异显著。一部分老年人经济条件相对较差，他们主要依赖养老金和家庭支持来维持生活。这部分老年人往往缺乏足够的储蓄和投资，面对日益增长的生活成本和医疗费用，他们的经济状况显得尤为脆弱。另外，也有相当一部分老年人拥有一定的经济储备，包括储蓄和投资。然而，即便是这部分经济条件较好的老年人，面对老龄化带来的医疗和护理费用，也感到经济上的压力。随着年龄的增长，他们可能需要更多的医疗照护和生活辅助，这无疑会消耗他们的储蓄，甚至可能使他们陷入经济困境。

二、社会保障与福利

中国政府在社会保障和福利体系方面进行了多项改革，以应对人口老龄化带来的挑战。这些改革包括养老保险、医疗保险、老年福利服务和老年人权益保障等方面。

（一）养老保险

1. 城镇职工基本养老保险

城镇职工基本养老保险是我国社会保障体系的重要组成部分，旨在为在职职工提供退休后的基本生活保障。根据新华社的报道，2012 年至 2023 年，全国企业退休人员的月平均基本养老金实现了翻倍增长，从 2012 年的 707 元提升至 2023 年的 1814 元。这一显著增长体现了国家对老年人福利的重视和改善。同时，失业保险金和工伤保险伤残津贴也分别从 2012 年的 707 元和 1864 元提高到 2023 年的 1814 元和 4000 元，显示出社会保障体系的全面进步。

然而，尽管养老金水平有了显著提升，但物价上涨对养老金实际购买力的影响不容忽视。许多老年人在退休后面临着经济压力，尤其是在医疗、住房和其他生活成本不断上升的背景下。为了应对这一挑战，政府已经计划进一步提高养老金水平，以确保退休人员能够维持基本的生活标准。此外，政府还在探索通过投资收益提升养老金的途径，以期实现养老金的长期稳定增长，为老年人提供更加坚实的经济保障。

2. 城乡居民基本养老保险

城乡居民基本养老保险是面向非城镇职工的养老保险制度，覆盖了广大农村居民和城镇非就业居民。2024 年，国家将城乡居民基础养老金的月最低发放标准提高了 20 元，达到 123 元，这一调整预计将惠及 1.7 亿城乡居民。这一涨幅高达 19.4%，显示出国家对提高农村和非就业居民养老保障水平的重视。然而，尽管涨幅显著，实际增加的养老金金额为每月 20 元，对于许多城乡居民来说，这一增加额可能仍难以满足他们的基本生活需求。因此，他们可能还需要依赖其他收入来源（如家庭支持、个人储蓄或社会救助等）来维持生活。

在应对老年人经济压力和提升养老金水平的同时，还需要关注养老保险制度的可持续性问题。随着人口老龄化程度的加深，养老保险基金的支付压力不断增大。因此，除了提高养老金水平外，还需要采取措施确保养老保险基金的长期稳定，如优化养老保险基金的投资策略、提高基金运营效率、加强基金监管等。

（二）医疗保险

城镇职工基本医疗保险和城乡居民基本医疗保险是我国医疗保障体系的两大支柱，旨在为不同群体提供基本的医疗保障。2023 年，这两种保险的报销比例均有所提升，体现了国家对公民健康保障的重视和努力。然而，即便报销比例有所提高，高额的医疗费用对于老年人来说依然是一个不容忽视的问题。

城镇职工基本医疗保险主要覆盖的是城镇企业、机关、事业单位、社会团体等单位的职工及其退休人员。医疗保险的报销比例提升，显著减轻了职工在日常就医和住院治疗时的经济负担。然而，即便有如此保障，对于老年人而言，医疗费用仍然是一个沉重的负担。老年人由于身体机能的下降，往往需要更频繁的医疗服务和更长期的治疗，这使得他们在面对高额的医疗费用时，即便有医保的保障，仍可能面临经济压力。

城乡居民基本医疗保险则覆盖了城镇和农村的非职工居民，包括儿童、学生、无业居民等。医疗保险的提升，使得更广泛的城乡居民能够享受到基本的医疗保障。尽管报销比例有所提高，但面对重大疾病和长期治疗时，老年人可能仍需要自掏腰包承担一部分费用。此外，城乡居民医疗保险的报销范围和药品目录可能与城镇职工基本医疗保险存在差异，这可能影响到老年人在治疗选择上的灵活性。

在分析了两种医疗保险的报销比例和老年人面临的挑战后，可以看到，尽管我国的医疗保障体系在不断完善，但仍有提高的空间。

综上所述，城镇职工基本医疗保险和城乡居民基本医疗保险在为老年人提供医疗保障方面发挥了重要作用，但仍然需要进一步的改进和完善。通过提高报销比例、增加财政投入、完善多层次医疗保障体系、优化医疗资源配置和推广健康教育等措施，可以更好地保障老年人的医疗需求，提高他们的生活质量。

（三）老年福利服务

1. 养老服务机构

养老服务机构包括养老院、日间照料中心等。根据全国民政工作会议内容得知，截至 2023 年第三季度，全国各类养老机构和设施总数达 40 万个、床位 820.6 万张。这些养老机构为老年人提供了生活照料、医疗护理、社交活动等服务。然而，由于资源分布不均，城市与农村之间的差距较大，导致部分老年人在获得服务方面存在困难。

2. 居家养老服务

居家养老服务包括上门护理、家政服务和日间照料等。居家养老服务的发展使得老年人在熟悉的环境中能够获得支持。根据全国民政工作会议内容得知，截至 2023 年 12 月底，通过年度提升行动项目，居家和社区基本养老服务累计建成家庭养老床位 23.5 万张，为 41.8 万老年人提供居家养老上门服务，累计完成困难老年人家庭适老化改造 148.28 万户。然而，服务的覆盖范围和质量仍需进一步提升。

3. 老年人津贴

各地政府提供了老年人津贴和护理补贴，以减轻老年人的经济压力。例如，北京地区的 80 周岁至 89 周岁的老年人，津贴标准为每人每月 100 元；90 周岁至 99 周岁的老年人，津贴标准为每人每月 500 元；100 周岁及以上的老年人，津贴标准为每人每月 800 元。这些补贴有助于提高老年人的生活水平，但仍需在标准化和公平性方面进行改进。

（四）老年人权益保障

老年人权益保障是社会文明进步的重要标志。随着人口老龄化的加剧，老年人群体的权益保护显得尤为重要。《中华人民共和国老年人权益保障法》的多次修订，体现了国家对老年人权益的高度重视，旨在通过法律手段确保老年人在社会生活中的各项权益得到充分尊重和有效保障。

修订后的《中华人民共和国老年人权益保障法》不仅在法律层面上明确了老年人的权益，而且在经济、文化等多个层面为老年人提供了全面的保障。法律强调了家庭赡养的义务，这不仅包括物质上的供养，还包括精神上的慰藉和生活上的照料。通过法律的强制力，确保老年人在家庭中得到应有的尊重和照顾。

此外，法律还提出了保障老年人生活质量的措施，这包括但不限于医疗保健、休闲娱乐、社会参与等方面。通过这些措施，老年人能够享有更加丰富多彩的晚年生活，同时保持与社会的紧密联系，提高他们的生活满意度和幸福感。

对于那些不幸遭受虐待和忽视的老年人，法律也规定了严厉的制裁措施。这不仅对潜在的侵权行为起到了震慑作用，也为受害者提供了法律救济的途径，确保他们的权益得到及时和有效的保障。

老年人权益保障机制的建立和完善，是实现法律保障的重要手段。老年人热线、法律援助和社会救助等服务的设立，为老年人提供了便捷的求助渠道和专业的支持，标志着老年人权益保障工作迈上了新的台阶。这些机构通过提供法律咨询和援助服务，帮助老年人解决实际问题，维护他们的合法权益，同时也为社会纠纷的及时化解提供了有效的平台。

总之，老年人权益保障是一个系统工程，需要法律、社会、家庭等多方面的共同努力。通过不断完善相关法律法规、加强权益保护机制的建设以及提高全社会对老年人权益保护的认识和重视，为老年人创造一个更加和谐、安全和有尊严的晚年生活环境。

三、健康状况、生活质量与影响因素

老年人的健康状况和生活质量直接影响适老化设计的需求。近年来，随着老年人口的增加，老年人的健康状况、生活质量与影响因素也引起了广泛关注。

（一）健康状况

1. 慢性病

慢性病是老年人群中最普遍的健康问题之一，其高发病率给个人、家庭乃至整个社会都带来了沉重的负担。以 2022 年的数据为例，在 60 岁及以上的老年人中，约有 70% 的人患有至少一种慢性病，其中高血压、糖尿病和心脏病的发病率尤为突出。这些慢性病不仅对老年人的身体健康构成威胁，还导致了医疗费用的增加和对长期护理的需求上升。

2. 认知障碍

认知障碍，尤其是阿尔茨海默病（俗称“老年痴呆症”），是老年人面临的重大挑战。2022 年的调查结果显示，在 65 岁及以上的老年人中，约有 15% 的人存在不同程度的认知障碍。随着人口老龄化的加剧，它的发病率逐年上升，给患者家庭和社会带来了巨大的压力。认知障碍不仅影响老年人的日常认知能力，还可能导致他们失去独立生活的能力，需要家人或专业人员的长期照顾。

3. 身体机能下降

随着年龄的增长，老年人普遍会出现行动迟缓、肌肉萎缩和骨质疏松等症状。2022 年的数据显示，约 40% 的老年人存在不同程度的行动困难，而 20% 的老年人面临骨质疏松的风险。身体机能的下降不仅降低了老年人的生活质量，还显著增加了其跌倒和骨折的风险，这些意外伤害往往需要长期的康复治疗，进一步加重了老年人的健康负担。

（二）生活质量

随着人口老龄化的加剧，老年人的生活自理能力、心理健康状况和社会参与情况成为影响他们生活质量的关键因素。深入分析这些方面，有助于更好地理解老年人的需求，并为他们提供更有效的支持。

首先，随着年龄的增长，身体机能逐渐衰退，许多老年人在日常生活中遇到困难，如行动不便、视力和听力减退、记忆力下降等。这些变化不仅影响了他们的日常生活，如用餐、洗漱和穿衣，还可能引发一系列连锁反应，比如外出活动的减少、社交圈的缩小，甚至会导致营养不良和健康状况恶化。为了应对这些挑战，适老化设计显得尤为重要。适老化设计包括无障碍设施的建设、易于操作的家用设备以及提供紧急呼叫和健康监测的服务等。这些设计不仅能够帮助老年人更安全、更舒适地生活，还能增强他们的自信心和独立性。

其次，老年人常常面临退休、亲友离世、身体机能下降等多重压力，这些都可能引发孤独感、焦虑和抑郁等情绪问题。心理健康问题不仅会影响老年人的情绪状态，还可能对他们的身体健康产生负面影响。因此，有必要加强对他们的社会支持和心理辅导。例如，家庭成员可以给予老年人更多的关爱和陪伴；社区可以提供多样化的社交活动，以减少老年人的孤独感；专业的心理咨询和治疗服务也应成为老年人心理健康保障体系的一部分。

最后，社会参与对老年人的生活质量具有显著的正面影响。适度地参与社区活动、志愿服务、兴趣小组等，不仅能够帮助老年人保持社会联系，还能促进他们的身心健康。然而，由于身体条件和经济状况的限制，部分老年人难以参与社会活动，这不仅限制了他们的社交圈，还可能导致他们感到被社会边缘化，进而加深孤独感。因此，社会应致力于消除老年人参与社会活动的障碍，比如提供更多的交通便利、经济补贴等。此外，鼓励老年人参与社会活动，也应成为家庭和社会的共同责任。

综上所述，老年人的生活自理能力、心理健康状况和社会参与情况是影响他们生活质量的三大关键因素。通过适老化设计、提供心理健康支持和社会参与机会，可以显著提升老年人的生活质量。这不仅需要政府、社会和家庭的共同努力，还需要老年人自身的积极参与。

（三）影响因素

老年人的居住环境是影响其生活质量的关键因素之一。随着年龄的增长，老年人的身体机能逐渐下降，对居住环境的要求也随之提高。老旧的住房往往缺乏必要的适老化设计，如防滑地面、扶手、紧急呼叫系统等，这些设施的缺失会显著增加老年人跌倒、受伤后无法及时救治的风险，甚至可能危及生命安全。因此，对老旧住房进行适老化改造，不仅能够提高老年人的生活便利性和安全性，还能增强他们的独立生活能力，从而提升整体的生活质量。

家庭支持在老年人的生活中扮演着不可或缺的角色。在中国传统文化中，家庭是老年人得到生活照料的主要来源。然而，随着社会的发展，家庭结构趋向小型化，年青一代往往因为工作繁忙而难以为老年人提供足够的日常照料。此外，随着人口老龄化的加剧，老年人口比例上升，家庭支持资源相对分散，老年人面临的生活挑战也随之增加。因此，除了家庭成员的关爱和支持外，还需要社会层面的辅助，比如社区服务、日间照料中心等，以缓解家庭支持的压力。

社会服务的可获得性对于老年人的生活质量同样具有显著影响。社会服务包括医疗保健、文化娱乐、生活照料等多个方面。在一些地区，由于资源配置不足，社会服务设施无法满足老年人的需求，导致他们难以获得及时、有效的服务。这种服务的不均衡不仅影响老年人的生活条件，也影响他们的幸福感和心理状态。因此，政府和社会应当通过制定相关政策、增加财政投入、优化资源配置等措施，提高社会服务的覆盖范围和服务水平，确保老年人能够享受到高质量的社会服务。

由此可见，我国老年人的基本状况呈现出多个方面的特点和挑战。人口老龄化的加速、健康问题的多样化、生活质量的差异化等因素都对适老化设计提出了更高的要求。通过对老年人口统计与预测、社会保障与福利、健康状况与生活质量的深入分析，可以更好地理解老年人的需求，并在适老化设计中加以体现。

第二节 老年人的生理变化

一、生理变化的常见表现

老年人的生理变化涉及多个方面，包括骨骼、肌肉、皮肤、视觉与听觉等。这些变化不仅影响老年人的身体功能，还对其生活质量和日常活动产生了重要影响。

（一）骨骼的变化

1. 骨密度下降

骨密度是指单位体积内骨骼中矿物质的含量，它直接关系到骨骼的强度和硬度。随着年龄的增长，老年人骨骼的代谢平衡被打破，骨吸收的速度超过了骨生成的速度，导致骨质逐渐流失，骨密度随之下降。这一过程在女性中尤为明显，尤其是在绝经后，由于雌激素水平的下降，骨质疏松的风险显著增加。骨质疏松不仅使得骨骼变得脆弱，还大大增加了骨折的风险，尤其是髋部、脊椎和手腕等部位的骨折，这些骨折往往对老年人的健康和生活质量产生严重影响。

2. 骨骼变形

骨密度下降的另一个后果是骨骼变形，尤其是脊柱的变形。随着骨质的流失，脊椎骨可能会出现骨质增生和骨刺，导致脊柱侧弯和驼背。这种结构的改变不仅影响老年人的外观，更重要的是，它会改变他们的姿势和步态，导致背部疼痛，甚至可能压迫神经根，引发坐骨神经痛和运动功能障碍。脊柱的变形和疼痛会进一步限制老年人的活动能力，影响他们的生活质量。

3. 关节退化

关节软骨的磨损是导致关节退化的主要原因，通常表现为骨关节炎。关节退化会导致关节疼痛、僵硬和功能受限，使得老年人在进行日常活动时感到困难，如行走、上下楼梯和弯腰等。骨关节炎还可能导致关节活动范围的减少，使得老年人难以完成一些基本的日常任务，如穿衣、洗澡等。关节退化不仅会影响老年人的身体功能，还可能引起心理上的挫败感和抑郁情绪，进一步影响其整体健康状况。

（二）肌肉的变化

1. 肌肉质量和力量减少

随着年龄的增长，人体的生理机能不可避免地会发生一系列变化，其中肌肉质量和力量的减少尤为显著。这种现象通常被称为“肌肉减少症”或“老年肌肉萎缩”，它不仅影响老年人的外在形象，更重要的是，它对其日常生活和整体健康状况产生了深远的影响。出现肌肉减少症的主要原因是肌肉纤维的减少和肌肉质量的下降，这导致了力量和耐力的显著下降。老年人因此在进行体力活动时会感到更加吃力，这不仅限制了他们的活动范围，还可能增加跌倒和受伤的风险，从而影响他们的生活质量。

2. 肌肉功能衰退

随着年龄的增长，老年人在进行运动时的反应速度和精细运动能力明显降低，这可能影响他们的日常活动，如穿衣、系鞋带和使用厨房用具等。这些看似简单的任务对于肌肉功能衰退的老年人来说可能变得异常困难，甚至需要依赖他人帮助才能完成。肌肉功能的衰退不仅影响老年人的自理能力，还可能导致他们产生挫败感和自信心下降。

3. 代谢率降低

随着年龄的增长，老年人的基础代谢率通常会降低。这意味着老年人即使在饮食和运动水平没有显著变化的情况下，体内的热量消耗也会减少，从而导致体重增加。体重增加不仅会对健康产生负面影响，还可能引发更多的代谢性疾病，如糖尿病和高血压。这些疾病不仅需要老年人定期检查和长期服药，还可能进一步限制他们的活动能力，形成一个恶性循环。

（三）皮肤的变化

1. 皮肤弹性降低

胶原蛋白和弹性纤维是维持皮肤弹性与紧致度的关键成分。随着年龄的增长，这些成分的含量减少，同时皮肤细胞的更新速度也放慢，导致皮肤逐渐失去原有的弹性和水分。皮肤干燥不仅会使皮肤看起来缺乏光泽，而且容易出现细纹和皱纹。此外，皮肤的保护屏障功能减弱，使得老年人更容易受到外界环境因素的伤害，如温度变化、化学物质和微生物的侵袭。皮肤愈合能力的下降也意味着，一旦受伤老年人需要更长的时间来恢复，这增加了感染和慢性伤口形成的风险。

2. 色素沉着

色素沉着也是一个与年龄相关的皮肤变化。老年斑的出现与皮肤中色素细胞的不规则分布有关，也与长期的紫外线暴露有关。紫外线是皮肤老化和色素沉着的主要外部因素，它会损伤皮肤细胞的DNA，导致色素细胞异常活跃，产生过量的色素。老年斑不仅影响美观，还可能预示着皮肤癌的风险增加。因此，对于老年斑的出现，应予以适当的关注，并采取适当的防晒措施以减少紫外线对皮肤的伤害。

3. 皮肤血管变化

随着年龄的增长，老年人的血管壁的弹性和强度降低，血管变得更容易扩张和脆弱。这种变化使得老年人在受到轻微碰撞或压力时，容易出现瘀伤和出血。血管脆弱性增加还可能与心血管疾病有关，因为血管的健康状况是全身循环系统健康与否的一个重要指标。因此，老年人应特别注意保护皮肤，避免不必要的碰撞和压力，同时保持良好的血液循环。

（四）视觉的变化

1. 视力下降

随着年龄的增长，老年人的视力问题变得越来越普遍，这不仅影响其生活质量，还可能对其安全造成威胁。视力下降是老年人常见的问题，它可能表现为视力模糊、视力丧失，甚至完全失明。这种视力的退化通常与晶状体的老化、视网膜退化和黄斑变性等生理变化有关。晶状体的老化会导致其失去弹性，进而影响到眼睛的调节能力，使得老年人难以看清近处的物体。而视网膜退化和黄斑变性则会损害视网膜中央部分的感光细胞，这是视力中最关键的区域，其损伤会直接导致中心视力的丧失。

2．远视和近视

远视和近视在老年人中也较为常见。远视的老年人往往需要在阅读或看近处物体时佩戴眼镜，而近视的老年人则在看远处物体时需要眼镜的帮助。这些视力问题需要老年人定期进行视力检查，并根据视力变化调整眼镜度数，以保持良好的视觉效果。

3．夜间视力减退

夜间视力减退也是老年人面临的一个挑战。由于眼睛对光线的适应能力下降，老年人在夜间或光线不足的环境中视力会明显下降。这种视力减退不仅会影响老年人的夜间活动，还可能增加跌倒和交通事故的风险。夜间视力减退还可能导致老年人在夜间起床时出现摔倒和碰撞的情况，从而增加受伤的风险。

4．视觉敏感度下降

视觉敏感度下降也是老年人常见的视力问题之一。随着年龄的增长，老年人对光线强度变化的适应能力降低，对对比度和颜色的敏感性下降。这使得老年人在识别颜色、阅读和辨别细节时面临挑战与困难，尤其是在光线不足或对比度较低的环境中。这种视觉敏感度的下降对老年人的日常生活产生了显著影响，比如在阅读、驾驶、识别物体和面部表情等方面都可能遇到困难。

（五）听觉的变化

1．听力损失

听力损失是老年人群体中普遍存在的问题，随着年龄的增长，听觉系统逐渐退化，导致老年人在日常生活中面临诸多挑战。根据世界卫生组织（WHO）的报告，全球约有 1/3 的 65 岁及以上老年人患有某种形式的听力损失。这种听力下降不仅影响老年人对声音的接收，还可能影响他们的社交活动、心理健康以及生活质量。

老年人的听力损失通常表现为对高频声音的敏感度下降，这使得他们难以听清楚电话铃声、门铃声以及他人的对话。这种听力障碍在社交场合中尤为明显，老年人可能在多人交谈的环境中难以分辨说话者的声音，从而导致沟通障碍。

2. 言语辨识困难

言语辨识困难也是听觉变化的一个重要方面。老年人在嘈杂的环境中理解言语的能力下降，这不仅会影响其社交互动，还可能导致误解和孤立。例如，在家庭聚会或朋友聚餐时，背景噪声的干扰使得老年人难以跟上对话，这可能导致他们选择回避此类社交活动，进而影响他们的社交网络和情感支持。

3. 耳鸣

耳鸣是老年人常见的听觉问题，它不仅是一种听觉上的不适，还可能对心理健康产生负面影响。耳鸣的声音既可能是持续的，也可能是间歇性的，它可能干扰正常的听觉体验，导致注意力分散和睡眠障碍。长期的耳鸣还可能引发焦虑、抑郁等心理问题，对老年人的生活质量产生负面影响。

4. 声音定位困难

声音定位困难是听力退化带来的又一个挑战。随着年龄的增长，老年人在判断声音来源方面的能力下降，这可能影响他们的安全，尤其是在需要快速反应的紧急情况下。例如，在过马路时，老年人可能难以准确判断车辆的位置和距离，从而增加了发生事故的风险。

二、生理变化对日常活动的影响

老年人的生理变化对日常活动的各个方面产生了广泛的影响，包括行动能力、生活自理、出行以及社交活动等。

（一）行动能力

1. 运动能力下降

随着年龄的增长，老年人的身体机能不可避免地会出现一系列变化，这些变化在运动能力上表现得尤为明显。肌肉质量和力量的减少是老年人运动能力下降的主要原因之一。肌肉萎缩不仅缩小了老年人的活动范围，还可能导致他们难以完成一些日常任务，如提重物、推拉门或进行家务活动。这种能力的下降不仅影响了其生活质量，还可能使其感到沮丧和无助，因为曾经可以轻松完成的活动现在变得困难重重。

2. 步态变化

步态变化是老年人行动能力下降的一个显著标志。随着年龄的增长，骨骼和肌肉的退化以及神经系统功能的下降，老年人的步态会变得缓慢和不稳定。这种步态的变化不仅增加了跌倒的风险，还可能导致他们在走路时失去平衡，从而增加受伤的可能性。跌倒对于老年人来说非常危险，它可能导致骨折、脑震荡，甚至长期的卧床或者残疾。因此，步态的变化不仅会影响老年人的日常活动，还可能对他们的长期健康造成影响。

3. 耐力降低

耐力降低也是老年人行动能力下降的一个方面。随着年龄的增长，心肺功能的减退和肌肉效率的下降导致老年人在进行体力活动时更容易感到疲劳。这种耐力的下降限制了他们参与社交活动和日常活动的能力，因为即使是轻度的体力活动也可能让他们感到筋疲力尽。耐力的降低不仅会影响老年人的身体健康，还可能影响其心理健康，因为各类活动的减少可能导致孤独感和社会隔离感的增加。

（二）生活自理

1. 完成日常生活任务的难度增加

随着年龄的增长，老年人在生理和心理上会经历一系列变化，这些变化会在很大程度上影响他们完成日常生活任务的能力。肌肉力量和灵活性的减退，使得完成简单的动作（如穿衣、洗漱和烹饪）变得吃力。例如，弯腰系鞋带或伸手拿高处的物品可能变得困难，而这些动作在年轻时是轻而易举的。视觉和听觉的衰退同样影响着老年人的日常生活，他们可能需要更强的光线来完成阅读，或者需要助听器来帮助他们更好地交流。

2. 家庭环境的适应性应及时改变

在家庭环境的适应性方面，老年人的居住空间需要特别设计以适应其特殊需求。例如，安装扶手可以帮助其在上下楼梯或进出浴室时保持平衡，安装防滑地面则可以帮助其降低跌倒的风险。此外，无障碍设施的设置，如宽敞的门道和无门槛的入口，可以确保老年人在家中行动自如，减少因环境限制而产生的不便。

3. 居家安全不容忽视

居家安全是老年人生活中不容忽视的一个方面。随着年龄的增长，老年人的反应速度和身体协调能力往往会下降，这使得其在家中更容易发生跌倒、滑倒等意外。这些事故不仅会造成即时的伤害，还可能带来长期的健康问题，如骨折和创伤。

（三）出行

随着年龄的增长，老年人在日常生活中遇到的出行挑战越发显著。这些挑战不仅影响其生活质量，还可能限制其社会参与度。

1. 步行困难

步行困难是老年人普遍面临的问题。肌肉力量的减弱和骨骼的退化使得其难以长时间行走或进行快速移动。这种状况限制了其活动范围，使得简单的购物或散步变得困难重重。

2. 交通工具的使用需要考虑

在交通工具使用方面，老年人常常面临上下车的难题。由于身体灵活性和力量的下降，其可能难以应对狭窄的车门、高高的台阶或是拥挤的车厢。为了改善这一状况，交通工具的设计应考虑到老年人的特殊需求，比如设置低地板车辆、宽敞的车门入口和稳固的扶手。同时，清晰的标识系统和紧急呼叫按钮等安全措施，能够为老年人提供更多的安全感。此外，交通工具内部的座椅设计也应考虑到老年人的舒适度和支撑性，以减少长时间乘坐带来的不适。

3. 驾驶能力面临挑战

至于驾驶能力，老年人可能会因为视力和听力的减退而面临挑战。视力下降可能导致其难以识别交通标志或判断距离，而听力下降则可能会影响其对周围环境声音的感知。因此，定期的驾驶能力评估对于确保老年驾驶员的安全至关重要。此外，提供专门的交通安全教育课程，帮助老年驾驶员了解最新的交通规则和安全知识，也是提高其驾驶安全的有效措施。同时，社区和相关机构可以提供支持服务，如陪同出行或提供交通信息，以帮助老年驾驶员更好地适应驾驶环境的变化。

（四）社交活动

1. 沟通出现障碍

沟通障碍是老年人在社交互动和日常生活中经常遇到的挑战之一。随着年龄的增长，视力和听力的衰退成为普遍现象，这不仅影响了老年人获取信息的能力，也直接导致其在与他人交流时遇到障碍。2023 年的调查数据揭示了一个令人关注的现象：大约 1/4 的老年人表示，其在社交互动中感到困难重重。这种沟通上的障碍不仅限制了其与家人、朋友以及社会的联系，还可能进一步影响其心理状态，引发孤独感和被社会边缘化的感觉。

视力和听力的衰退使得老年人在阅读文字、辨识表情和理解对话时遇到困难。为了缓解这一问题，适老化设计显得尤为重要。例如，提供放大镜可以帮助老年人阅读小字体的书籍或文件，而助听器和语音放大器则能够增强其接收声音的能力，从而更好地参与到对话中。这些辅助设备不仅能够提高老年人的生活质量，还能帮助其保持与外界的联系，减少社交障碍带来的负面影响。

2. 心理受到影响

一系列生理变化不仅影响老年人的沟通能力，还可能对其心理健康产生深远的影响。随着年龄的增长，老年人可能会经历生活自理能力的下降，这不仅包括身体上的不便，也包括认知功能的减退。这些变化可能导致老年人在社交活动中的参与度降低，进而引发抑郁和焦虑等心理问题。相关研究数据显示，大约 15% 的老年人经历过抑郁症状，这与其生理变化和生活方式变化有着密切的联系。

为了应对这些心理挑战，适老化设计应当考虑到老年人的心理需求，提供必要的心理支持。这可能包括创造一个温馨舒适的居住环境，鼓励老年人参与社交活动，以及提供专业的心理咨询和治疗服务。通过这些措施，可以帮助老年人更好地适应老年生活，减轻心理压力，从而提高其整体幸福感和生活质量。

通过详细了解老年人的生理特征及其对日常活动的影响，可以为适老化设计提供有价值的信息，从而设计出更加符合老年人需求的环境和设施，提高其生活质量和独立性。

第三节　老年人的心理变化

一、心理适应与压力管理

老年人在面对生活中的各种变化时，需要进行心理适应，同时还要有效管理压力。心理适应与压力管理对于老年人的心理健康和生活质量至关重要，下面详细阐述老年人心理适应的要点、压力管理策略以及社会支持系统的作用。

（一）心理适应的要点

1. 适应能力的变化

老年人的适应能力受多种因素影响，其中包括个人特质、生活经历、健康状况和社会支持系统。个人特质（如性格、应对风格以及情绪稳定性）对适应能力有直接影响。生活经历则提供了老年人处理各种生活挑战的经验，这些经验可能增强其适应能力或使其脆弱。健康状况也是一个重要因素，身体健康状况良好的老年人通常能够更快适应生活中的变化。社会支持系统，包括家庭、朋友和社区资源，能在应对变化时提供帮助和支持，从而影响老年人的适应能力和适应效果。

适应能力的变化会在不同的生活情境中体现。例如，在面临重大生活变故时，如健康问题或家庭结构的变化，老年人的适应能力决定了其如何调整生活节奏和心理预期。适应能力较强的老年人能够迅速接受这些变化，并采取积极的应对措施，如寻找新的兴趣点或参与社交活动，以维持心理健康。而适应能力较差的老年人可能会表现出焦虑、抑郁等负面情绪，这些情绪状态会显著影响其生活质量和幸福感。对这些现象的深入分析有助于理解老年人在面对生活变迁时的心理适应过程，以及如何通过环境和社会支持来促进其适应能力的提升。

2．生活方式的调整

退休是老年人生活中的关键转折点，标志着职业生涯的结束以及日常生活模式的变化。退休带来的不仅是时间上的自由，还可能伴随社交圈的缩小、日常活动的减少和经济状况的变化。这些变化要求老年人对自己的生活方式进行调整，以适应新的生活阶段。退休后，老年人可能需要重新寻找生活的目标和兴趣点，这可能涉及调整日常活动、寻找新的社交机会和建立新的生活规律。

这种生活方式的调整过程对老年人而言，既是挑战也是机会。面对新的时间安排和生活结构，老年人需要积极适应，重新规划自己的日常生活和社交活动。调整过程中可能会出现心理上的压力和不适，如对失去工作角色的情感反应和对新生活方式的不适应感。深入理解这些调整过程中的心理变化，对于设计适合老年人需求的环境和服务至关重要。这种调整不仅要求老年人适应新的生活方式，还涉及如何在新的环境中找到满足感和成就感。

3．健康问题的影响

健康问题在老年人生活中占据了重要的位置，常见的包括慢性疾病、功能衰退以及身体疼痛等。这些健康问题不仅影响老年人的身体功能，还会对其心理健康产生显著影响。慢性疾病的存在可能导致老年人感到无助和沮丧，功能衰退会限制其活动能力，而身体疼痛则可能减少其参与社交活动的意愿，进而加重孤独感。

面对这些健康挑战，老年人的心理状态会受到不同程度的影响。例如，老年人可能因为行动不便而减少外出，导致社会交往减少，这种社交孤立感会对心理健康产生负面影响。此外，身体状况的限制还可能影响老年人对自身能力的自信心，进而导致心理上的困扰。理解健康问题对心理适应的影响，可以帮助相关机构设计出更符合老年人需求的环境和支持系统，以减轻健康问题对心理健康的负面影响。这种深入的分析对于开发适老化设计和服务具有重要意义，可以帮助确保老年人在面对健康问题时能够保持良好的心理状态和生活质量。

（二）压力管理策略

老年人在面对生活压力时，会依赖多种应对策略来缓解心理负担。应对策略的选择将会直接影响老年人如何处理日常生活中的压力源和挑战。在心理适应过程中，老年人往往会使用情绪调节策略、问题解决策略以及社会支持策略等方式来应对压力。

1. 情绪调节策略

情绪调节策略包括冥想、放松练习和深呼吸等。这些方法有助于缓解压力和焦虑，提高心理舒适感。冥想作为一种内心平静的技术，可以帮助老年人减少紧张和焦虑情绪，增强心理稳定性；放松练习通过缓解肌肉紧张来减轻心理压力；深呼吸则能够快速调节生理和心理的压力反应。这些策略的有效性在于它们可以直接作用于心理和生理层面，通过调节心理状态来提升老年人的整体健康和幸福感。

2. 问题解决策略

问题解决策略涉及通过具体行动来应对生活中的挑战。例如，当老年人遇到健康问题时，可能需要寻求医疗帮助；面对生活中的经济压力时，制订合理的财务计划成为重要的应对措施。这类策略的关键在于通过实际行动解决问题，从而减少其对心理状态的负面影响。问题解决策略不仅关注实际困难的解决，还包括调整生活方式和设定可实现的目标，以应对具体的挑战。

3．社会支持策略

社会支持是老年人管理压力的重要资源。通过与家人、朋友和社区的互动，老年人能够获得情感上的支持和实际帮助。社会支持不仅可以为老年人提供情感慰藉，还能在面对生活挑战时提供实际帮助。例如，家庭成员和朋友可以在情感上为其给予安慰，而社区活动和志愿服务则为其提供了实际的支持和帮助。社会支持的效果在于其能够提供一个缓解压力的网络，使老年人在面对压力时不再感到孤单，有更多的资源可供利用。

（三）社会支持系统

社会支持系统在老年人压力管理中起着至关重要的作用。如前所述，社会支持不仅可以提供情感支持，还包括实际帮助和社交互动，这些都能帮助老年人应对生活中的各种挑战。

1. 家庭关爱

家庭是社会支持系统的重要组成部分。家庭成员可以为老年人提供直接的情感支持、实际帮助和日常照料。良好的家庭关系能够提供情感上的安慰，使老年人感到被关爱和重视。此外，家庭成员可以参与共同的活动，增强家庭成员之间的联系，从而改善老年人的情感状态。

2. 社区服务和邻里互助

社区服务和邻里互助是社会支持的另一个重要来源。社区支持系统可以包括社区服务中心、兴趣小组和志愿者组织等。这些社区资源提供了情感支持和实际帮助，老年人可以通过参与社区活动和接受志愿者服务来获得更多的支持。此外，社区支持还可以通过提供信息和资源帮助老年人应对生活中的问题，如健康管理、法律咨询和财务规划等。

3. 专业支持

专业支持包括心理咨询服务和干预措施。心理咨询和干预是帮助老年人管理压力的重要手段。有效的心理咨询服务和干预措施能够为老年人提供专业的情感支持与心理干预，帮助其处理心埋困扰，减轻心理压力。

心理咨询服务可以通过多种形式提供，包括面对面咨询、电话咨询和在线咨询。这些多样化的服务能够满足老年人的不同需求，使其能够选择最适合自己的支持方式。面对面咨询提供了直接的互动和情感支持，电话咨询和在线咨询则提供了更加灵活的支持方式，使老年人在家中或其他便利的地方也能够接受帮助。

心理干预措施包括认知行为疗法、情感支持小组和心理教育等。这些干预措施可以帮助老年人识别和调整负面情绪，改善应对策略，增强心理韧性。认知行为疗法侧重于改变负面的思维模式和行为方式，情感支持小组提供了集体的支持和共享经验的机会，心理教育则能帮助老年人了解和管理心理健康问题。

在做适老化设计时应考虑为老年人提供易于获取的心理咨询和干预服务。社区心理服务中心、心理支持热线和在线咨询平台等能够为老年人提供及时和便利的心理支持服务。这些服务的目的是通过提供专业的心理支持和干预，帮助老年人有效管理压力，提高生活质量。

二、社会孤立与情感需求

社会孤立和情感需求是影响老年人心理健康的重要因素。老年人可能面临社会孤立和情感需求方面的挑战，这对其心理健康产生了重要影响。下面将详细讨论社会孤立的表现和情感需求的要点。

（一）社会孤立的表现

1. 孤立感的形成

感觉被社会孤立是老年人常见的心理问题，表现为缺乏有效的社交互动和情感支持。这种孤立感的形成是由多种因素引起的。随着年龄的增长，老年人可能经历亲友的离世或搬迁，家庭成员的减少或子女离家，这些都会使老年人感到孤单，尤其是那些原本依赖家庭成员进行日常交流和情感支持的老年人。

身体健康问题（如行动不便、听力和视力衰退）也会使老年人减少外出以及参与社交活动的机会，这进一步加剧了孤立感。生活环境的变化，如搬到养老院或改变居住地，也可能让老年人感到陌生和孤立。孤立感不仅对老年人的心理健康产生负面影响，还可能导致抑郁、焦虑等心理问题，进一步影响其整体生活质量。孤立感的存在会使老年人在面对生活挑战时缺乏支持，可能加重健康问题和生活困境。

2. 社交网络的缩小

随着老年人的年龄增长，其社交网络往往会缩小。社交网络的缩小主要表

现为家庭成员的减少、朋友的去世以及社交活动的减少。家庭成员的减少，如子女离家或配偶去世，会显著影响老年人的社交互动。朋友的离世也会使老年人失去重要的社交联系，导致其感到孤独和失落。此外，随着年龄的增长，老年人可能因为健康问题或行动不便减少外出，这进一步减少了其社交机会。

社交网络的缩小会对老年人的心理健康产生显著影响。老年人可能因此感到社会支持不足、情感孤立，进而影响其心理健康和生活质量。缺乏社交互动会降低老年人的生活满足感，增加孤独感和抑郁风险。为了应对这一现象，需要对老年人的社交需求进行深入理解，探索如何有效地提供社交机会和互动平台，以改善其社交网络和情感支持。

3. 数字化隔离

随着科技的发展，数字化隔离成了老年人面临的一种新型问题。许多现代技术，如智能手机、电脑和社交媒体，可能对老年人来说显得陌生或不易适应。老年人可能缺乏使用这些电子设备的经验，导致其在日常生活中感到被隔离和疏远。数字化隔离不仅限制了老年人与家人、朋友的联系，还可能使其在社会互动中感到被孤立。

数字化隔离对老年人的影响不仅局限于减少社交互动，还可能导致其感受不到对社会信息的获取和参与。现代技术的迅猛发展使得许多服务和社交活动都依赖于数字工具，这使得未能适应这些现代技术的老年人感到被排斥和被孤立。

通过对社会孤立的深入分析，可以更好地理解老年人如何受到孤立感形成、社交网络缩小和数字化隔离的影响。孤立感的形成和社交网络的缩小将会直接影响老年人的心理健康，而数字化隔离则是现代技术带来的新挑战。理解这些问题的具体表现，对于制定有效的支持措施和改进适老化设计具有重要意义。

（二）情感需求的要点

1. 情感支持的重要性

情感支持对老年人的心理健康具有至关重要的作用。老年人在生活中面临诸多挑战，这些都可能导致其感到孤独和焦虑。在这种情况下，情感支持能够为其提供必要的安慰和鼓励，帮助其缓解孤独感，提高生活质量。情感支持不仅包括身体上的陪伴，还涉及情感上的理解和关怀。家庭成员、朋友、社区服务人员以及志愿者都可以成为情感支持的重要来源。

良好的情感支持有助于老年人应对生活中的压力，增强其心理韧性。通过积极的情感支持，老年人可以获得更好的心理适应，减少抑郁和焦虑的风险。情感支持能够为老年人提供情感上的稳定和安全感，从而提升其幸福感和心理健康。在适老化设计中，情感支持的设计应该考虑到多方面的需求，提供能够帮助老年人感受到关怀和支持的服务，以满足其情感需求。

2. 家庭关系的影响

家庭关系在老年人的情感需求中扮演着核心角色。积极的家庭关系不仅可以提供稳定的情感支持，还能够增强老年人的归属感和安全感。家庭成员之间的关怀、理解和互动将会直接影响老年人的心理健康。家庭聚会、亲情交流和共同活动有助于增进家庭成员之间的联系，从而提高老年人的幸福感和生活满意度。

家庭成员的支持和互动能够缓解老年人的孤独感和焦虑感。良好的家庭关系使老年人在面对生活中的困境时感到有依靠，有助于其保持积极的心态。适老化设计应考虑家庭关系对老年人情感需求的影响，创造能够促进家庭互动的环境和服务，如设计家庭活动空间、组织亲子活动和提供家庭支持服务。这些设计能够进一步强化家庭关系，提升老年人的生活质量和心理健康。

3. 社交活动的需求

社交活动是满足老年人情感和社交需求的重要途径。老年人往往希望通过参与各种社交活动，如社区聚会、兴趣小组和志愿服务，来丰富自己的生活和保持社会联系。社交活动不仅能够提供情感支持，还能够帮助老年人维持社交技能和增强参与感。参与社交活动有助于老年人保持积极的生活态度，提升幸福感。

社交活动可以满足老年人对社会互动的需求，减少孤独感和社会隔离感。定期举办社区活动、组织兴趣班和志愿服务项目能够为老年人提供丰富的社交机会，使其能够与他人建立联系、分享经验和获得支持。适老化设计应考虑老年人的社交需求，提供多样化的社交活动和机会，帮助老年人保持良好的社交网络和生活态度。

第四节　老年人的认知变化

一、认知衰退的常见类型

（一）阿尔茨海默病

阿尔茨海默病，是最常见的痴呆症类型，主要表现为记忆力下降、思维混乱、语言表达困难和认知能力衰退。该病通常发生在 65 岁以上的老年人群体中，且随着年龄的增长，其发病率显著增加。其早期症状包括短期记忆的缺失，比如忘记最近发生的事情或对话内容，然后会逐渐发展为长期记忆的丧失和认知功能的全面下降。

尽管目前尚无根治阿尔茨海默病的有效药物，但药物治疗和非药物干预（如认知训练和心理支持）可以帮助患者缓解症状并改善其生活质量。此外，早期识别和诊断对于管理病情与规划护理至关重要。

（二）血管性痴呆

血管性痴呆是由脑部血管问题引起的认知障碍。它通常与中风或慢性小血管病变有关，导致脑部局部或广泛的血流减少。血管性痴呆的症状可能包括逐步加重的记忆问题、注意力缺陷、思维迟缓和执行功能障碍。

血管性痴呆的发病机制涉及脑血管的慢性损伤，导致脑部神经细胞的逐渐死亡。血管性痴呆的管理包括控制心血管危险因素，如高血压、高血脂和糖尿病，采用抗血小板药物和其他干预措施，以防止进一步的脑损伤。

早期发现和治疗血管性痴呆可以帮助患者减缓症状的发展，并改善其功能状态。定期进行神经影像学检查和认知评估对于监测病情进展也至关重要。

（三）路易体痴呆

路易体痴呆是一种与脑内路易体积聚相关的痴呆症。路易体痴呆的临床特征包括认知功能的波动、帕金森病样运动障碍、视觉幻觉和步态不稳。

路易体痴呆与阿尔茨海默病和帕金森病有一定的重叠，诊断时需要仔细区分。由于其症状具有一定的波动性，可能会影响患者的生活质量和自理能力。其治疗策略通常包括药物治疗、运动疗法和认知干预，以应对运动障碍和认知衰退。

对路易体痴呆患者的管理需要综合考虑药物的副作用，特别是抗精神病药物可能加重运动症状。因此，个体化的治疗方案和多学科团队的支持至关重要。

（四）前额叶痴呆

前额叶痴呆，或称额颞叶痴呆，是一种主要影响前额叶和颞叶的退行性疾病。其特征包括行为和个性改变、社会适应能力下降以及执行功能障碍。患者可能表现出情感冷漠、社交不当和决策困难，导致生活适应能力严重下降。

前额叶痴呆的病理变化包括前额叶和颞叶神经细胞的退化，此类痴呆的临床表现可能在早期阶段会被误认为是其他心理或行为问题，因此早期诊断和干预对于改善患者的生活质量至关重要。

治疗前额叶痴呆的策略包括行为管理、药物治疗和心理支持。认知训练和生活技能训练也可以帮助患者维持一定的自理能力与生活质量。

二、认知功能评估

（一）认知功能评估工具

认知功能评估工具是评估认知功能的标准化工具，用于诊断和监测认知障碍。其常用工具包括简易精神状态检查、蒙特利尔认知评估和临床痴呆评估。

1. 简易精神状态检查

简易精神状态检查是一种简便的筛查工具，用于评估认知功能的各个方面，包括定向力、记忆力、注意力、语言能力和执行功能。其总分为 30 分，通常用于筛查认知障碍的存在及其严重程度。

2. 蒙特利尔认知评估

蒙特利尔认知评估是一种针对轻度认知障碍的筛查工具，提供了对认知功能更全面的评估。它包括记忆、注意力、语言、视空间能力、抽象思维和执行功能的测试，适用于各种文化和教育水平的老年人群体。

3. 临床痴呆评估

临床痴呆评估用于评估痴呆的严重程度，通过对患者日常生活能力的评估来确定痴呆的阶段，包括轻度、中度和重度。它主要考虑认知障碍对日常生活的影响，为制订个性化护理计划提供依据。

（二）认知功能评估流程

认知功能评估通常包括以下三个阶段。

1. 初步筛查

这一阶段通过简单的问卷或筛查工具进行初步筛查，快速识别可能存在认知问题的个体。初步筛查可以帮助识别高风险人群，并确定是否需要进一步的详细评估。

2. 详细评估

这一阶段使用标准化评估工具进行详细的认知功能评估，包括多个认知领域的测试。详细评估通常包括对记忆、语言、注意力和执行功能等方面的综合评估，以了解认知功能的具体状况。

3. 综合分析

这一阶段结合评估结果、临床症状和生活背景，进行综合分析。综合分析有助于制订诊断和干预方案，并监测病情的进展。评估结果应结合患者的生活质量、社会支持和医疗需求综合考虑，以制订个性化的治疗和护理计划。

（三）认知功能评估中的挑战

认知功能评估面临一些挑战，包括患者可能存在的沟通困难、注意力缺陷和情绪问题。

1. 沟通困难

老年人可能因听力或语言障碍而难以理解或回答问题。评估人员应及时且灵活地调整沟通方式，使用清晰的语言和非言语提示，以确保患者能够理解测试内容。

2. 注意力缺陷

老年人可能由于认知障碍或疲劳而难以集中注意力。评估人员应提供适当的休息时间和环境，以减少外界干扰，提高评估效果与准确度。

3. 情绪问题

老年人的情绪问题，如焦虑和抑郁，可能影响认知功能评估的结果。评估人员应考虑患者的情绪状态，并在评估过程中提供支持和安慰，如简化测试语言、提供足够的测试时间，以确保评估结果的准确性。

三、影响老年人认知的相关因素

（一）环境因素

1. 光线

光线在老年人生活中的重要性不仅局限于视觉的舒适性，还直接影响着老年人的心理健康和生理功能。研究表明，光线对人类生物节律的调节具有重要作用，而老年人的生物节律容易随着年龄的增长变得紊乱。适宜的光线可以帮助老年人维持正常的昼夜节律，减少昼夜颠倒和睡眠障碍的发生。光照不足可能导致老年人白天困倦，夜间失眠，进而引发一系列心理问题，如焦虑和抑郁。此外，老年人对光线的适应能力下降，特别是黄昏和夜间光线不足时，更容易感到疲惫和困惑。因此，在适老化设计中，应特别注意光源的设计，确保在不同时间段都有适宜的光线。自然光的引入对于老年人尤为重要，它不仅可以提供良好的照明，还能帮助老年人感受到时间的流逝和自然的变化，增强对环境的适应能力。

2. 噪声

噪声不仅影响老年人的听觉系统，还会对其认知功能和心理状态产生广泛的负面影响。噪声污染是城市老年人生活中的一大问题，长期暴露在噪声环境中会导致老年人的认知功能减退，表现为记忆力下降、注意力不集中等。研究显示，噪声不仅会干扰老年人的日常活动，还可能引发慢性压力，导致神经系统的长期紧张状态，这种持续的紧张状态会进一步加速认知功能的退化。此外，噪声对老年人的睡眠质量也有显著影响，睡眠不足会加重认知障碍的症状。因此，在适老化设计中，噪声控制应当作为一个关键因素来考虑，通过选择隔音材料、优化房间布局以及在社区内设置绿化带等方式，减少噪声对老年人的影响，创造一个安静、舒适的生活环境。

3. 色彩

色彩在老年人生活环境中的作用不仅是装饰性的，还能通过影响情绪和心理状态来间接影响认知功能。不同的色彩对人的心理产生不同的影响，例如，红色和橙色等暖色调可以使人感到温暖和愉快，蓝色和绿色等冷色调则有助于放松和镇静。然而，老年人对色彩的敏感度和偏好可能与年轻人不同，因此在适老化设计中，色彩的选择应基于老年人的实际需求和心理反应。例如，在起居室和公共空间，使用暖色调可以营造出一种温馨的氛围，增强老年人的归属感；而在卧室和浴室等私人空间，使用冷色调则有助于放松神经，促进睡眠和休息。此外，色彩对空间感的影响也是适老化设计中需要考虑的重要因素，通过合理的色彩搭配，可以增强空间的开阔感，减少老年人对狭窄空间的压抑感，提高居住舒适度。

（二）健康状况

1. 慢性病

健康状况对老年人认知功能的影响不仅局限于慢性病本身，还涉及对疾病的长期管理和治疗过程中的药物使用。慢性病的高发率是老年人群体的普遍现象，随着年龄的增长，老年人患上多种慢性病的风险显著增加。这些慢性病包括但不限于高血压、糖尿病、冠心病、慢性阻塞性肺病等，它们通过不同的途径影响老年人的认知功能。例如，高血压通过影响脑血管的健康，可能导致脑供血不足，进而引发认知功能的全面下降；糖尿病通过血糖波动和胰岛素抵抗，影响大脑的代谢过程，增加认知障碍的发生风险；慢性阻塞性肺病通过降低血氧饱和度，可能导致大脑缺氧，引发记忆力减退和注意力不集中等问题。因此，在适老化设计中，应考虑到这些慢性病对认知功能的影响，设计出有助于老年人管理健康的生活空间。

2. 药物影响

药物影响在老年人健康管理中是一个复杂而敏感的问题。由于多种慢性病的并发，老年人常常需要长期服用多种药物，这不仅增加了药物相互作用的风险，还可能带来严重的副作用。例如，某些抗高血压药物可能引发头晕和乏力，某些降糖药物可能导致低血糖，而这些症状都会直接影响老年人的认知功能和日常生活能力。老年人药物代谢能力的下降，使得药物在体内的作用时间延长，这意味着即使是标准剂量的药物，也可能在老年人身上产生过强的效果。因此，在适老化设计中，药物管理的便利性和安全性应当得到特别关注。例如，可以设计专门的药物储存和管理系统，帮助老年人准确服药，避免错服或漏服。同时，还可以在家中设置定期健康监测设备，如血压计和血糖仪，帮助老年人及时了解自身健康状况，调整用药方案，最大限度地减少药物对认知功能的不利影响。

四、适老化设计中支持认知功能的策略

（一）环境设计

环境设计在支持老年人认知功能方面具有至关重要的作用。一个经过精心设计的环境可以帮助老年人更好地适应其日常生活，并有效地应对认知衰退带来的挑战。环境设计的主要目标是减少认知负担，提高老年人的自主性和生活质量。

1．标识清晰

清晰的标识是环境设计中的关键因素之一，特别是在对认知功能有影响的情况下。标识的清晰度直接影响老年人的环境理解和导航能力。设计中应使用大字体和高对比度的色彩组合，以确保文字信息的易读性。例如，房间的名称、方向标识和安全指示都应采用明显的视觉标记，以便老年人能够快速识别和理解。

在设计中，图形标识也应得到充分利用。符号和图标通常比文字更容易理解和记忆，尤其是在认知功能受损的情况下。图形标识的使用可以帮助老年人更直观地获取信息，减少因文字识别困难而带来的挫败感。此外，标识的设置位置应经过精心考虑，确保其位于老年人视线的自然范围内，以方便其快速获取信息。

2. 简化布局

简化的环境布局可以显著减轻老年人认知负担，帮助其更好地导航和记忆环境。复杂的布局和过多的交叉口可能会导致混乱和迷失感，从而增加老年人的认知压力。因此，室内布局应尽可能简单明了，避免设计过于复杂的走廊和交叉区域。

在设计中，设置易于识别的地标和指引也是关键。这些地标可以作为导航的参考点，帮助老年人更容易地记住和找到其所在的位置。例如，可以通过在关键位置放置独特的装饰物或标志性图案来帮助识别和记忆。此外，环境中应避免使用过多的装饰物和视觉干扰，以保持设计的简洁性和清晰性。

3. 环境舒适

环境的舒适性对老年人的认知功能也有重要影响。一个舒适的环境可以减少对认知功能的负面干扰，帮助老年人保持良好的心理状态。设计中应考虑适当的照明、温度和声音水平，以创造一个宜人的居住环境。

照明方面，建议使用自然光或模拟自然光的人工照明。自然光能够提供稳定和均匀的亮度，有助于维持老年人的生理节律，改善情绪和认知功能。此外，柔和的色彩搭配可以减少视觉疲劳和干扰，使环境更具舒适感。温度和声音水平也是影响环境舒适性的因素。环境中的温度应保持在适宜的范围，以避免过冷或过热对老年人的影响。噪声水平应控制在一个低而稳定的范围，以减少对老年人注意力和认知功能的干扰。通过合理的环境设计，可以为老年人提供一个舒适、安全的生活空间，有助于提升其认知能力和生活质量。

（二）认知训练

认知训练是支持老年人认知功能的重要策略。它通过多种形式的脑力活动和训练来刺激大脑功能，帮助老年人维持或改善其认知能力。有效的认知训练不仅能够延缓认知衰退，还能够提升老年人的生活质量。

1. 记忆训练

记忆训练旨在提高老年人的记忆能力，包括短期记忆和长期记忆。有效的记忆训练活动通常涉及记忆游戏、词汇练习和回忆练习等。记忆游戏设计包括配对游戏、记忆卡片游戏等，这些游戏要求参与者记住并匹配相同的图案或信息。通过不断重复和练习，老年人可以逐步提高记忆能力，并改善记忆检索的效率。词汇练习包括学习新词汇、词汇联想和词汇回忆等。通过增加词汇量和增强词汇联想能力，老年人可以提升语言记忆和认知灵活性。回忆练习包括回忆生活中的事件、故事和信息。通过组织和回忆信息，老年人可以增强对信息的记忆和提取能力。这些活动通过反复练习和记忆挑战，帮助老年人保持和提升记忆功能。

2. 注意力训练

注意力训练专注于提高老年人的注意力集中能力。良好的注意力是有效认知功能的基础，它可以帮助老年人更好地处理信息和执行任务。注意力训练通常包括专注训练和注意力游戏等。专注训练包括要求参与者完成集中注意力的任务，如找出特定的目标、筛选信息等。这些训练通过不断提高注意力的集中度和持久性，帮助老年人更好地处理复杂的信息和任务。注意力游戏设计包括寻找隐藏的物体、完成图像匹配等任务。这些游戏通过引导参与者集中注意力并快速作出反应，帮助老年人提高注意力的灵活性和集中度。

3. 问题解决训练

问题解决训练通过策略性活动和益智游戏来提高老年人的问题解决能力。策略性活动包括棋类游戏、策略规划等。这些活动要求参与者制定和执行策略，通过多步思考和计划来完成任务，帮助老年人提高逻辑思维和策略制定能力。益智游戏包括拼图、数独、迷宫等。这些游戏要求参与者通过分析和推理来解决问题，帮助老年人提升认知灵活性和问题解决能力。问题解决能力是认知功能的重要方面，它涉及分析问题、制订解决方案和实施策略。有效的问题解决训练可以帮助老年人增强逻辑思维和创造力。

（三）技术支持

现代技术在支持老年人认知功能方面发挥了越来越重要的作用。通过智能设备和应用程序，技术可以帮助老年人更好地管理日常活动，参与认知训练，并获得实时的健康和认知状态支持。

1．智能家居系统

智能家居系统通过集成多种技术功能，提供便捷的生活管理和安全保障，帮助老年人维持和提升认知功能。例如，智能家居系统中的语音提示功能能够帮助老年人管理日程安排、服药时间和其他重要事件。通过语音提醒，老年人可以减少遗忘和错过重要事项的风险，从而减轻认知负担。自动化功能包括自动调节照明、温控和窗帘等。这些功能不仅提升了老年人的生活舒适度，还可以减少老年人在执行日常任务时的认知压力。例如，自动灯光系统可以在夜间自动点亮，减少老年人在黑暗环境中移动的风险。安全监测功能（如智能传感器和摄像头）能够实时监控老年人的活动，及时发现异常情况。这些系统可以帮助老年人保持安全，并在发生紧急情况时自动报警，从而提高其安全感。

2．认知训练应用程序

认知训练应用程序通过提供各种脑力训练和游戏，支持老年人维持和提升认知功能。应用程序的设计应考虑到老年人的使用习惯和需求，以确保其有效性和易用性。

认知训练应用程序提供的脑力训练和游戏包括记忆游戏、逻辑思维训练和注意力训练等。这些训练可以帮助老年人保持认知能力，延缓认知衰退。设计应包括多种训练模式和难度级别，以适应不同认知水平的用户。另外，应用程序的界面设计应简洁明了，操作简单易懂。大字体、对比色和清晰的图标可以帮助老年人更容易地进行操作和参与训练。而且，认知训练应用程序还可以提供个性化的训练计划，根据用户的认知能力和进展情况调整训练内容和难度。这种个性化设计能够提高训练的有效性，并满足老年人不同的需求。

3．远程监控和支持

远程监控和支持技术通过实时数据监测和虚拟互动，提供对老年人健康和认知状态的持续关注和支持。

首先，远程监控技术可以通过传感器和数据分析，对老年人的健康指标（如心率、血糖、活动水平）和认知状态进行实时监测。这种监测可以帮助及时发现潜在问题，并为老年人提供必要的干预和支持。

其次，远程支持可以包括在线咨询服务，允许老年人与医疗专业人员、心理咨询师或其他支持人员进行虚拟会面。在线咨询能够提供灵活的支持，帮助老年人解答疑问、获取建议并解决问题。

另外，虚拟陪伴技术可以通过视频通话、虚拟现实等方式，提供与家人、朋友的互动。这种技术可以帮助老年人减少孤独感，增强社交联系，提高情感支持。

（四）社交互动

社交互动是支持老年人认知功能的关键因素之一。丰富的社交活动和互动机会不仅可以提高老年人的生活质量，还可以对其认知功能产生积极影响。

1. 社区活动

组织和参与社区活动是促进老年人社交互动的有效方式。这些活动不仅为老年人提供了社交机会，还能激发其兴趣和参与感。

定期组织社区聚会，为老年人提供一个社交互动的平台。通过聚会，老年人可以与其他社区成员分享经验、讨论共同感兴趣的话题，并建立社交联系。聚会还可以包括社交游戏和轻松的娱乐活动，增加互动的趣味性。

设立兴趣小组，根据老年人的兴趣爱好组织相关活动。这些兴趣小组可以包括书法、绘画、音乐、手工艺品制作等，允许老年人根据个人兴趣参与活动。兴趣小组不仅能增强老年人的社交联系，还能激发其创造力和认知能力。

组织文化活动，如讲座、电影放映和演出等，为老年人提供丰富的文化体验。这些活动可以促进老年人之间的讨论和交流，同时也为其提供了继续学习和成长的机会。

2. 社交平台

现代技术的发展使得在线社交平台成为老年人维持社交联系的重要工具。

社交平台的设计应考虑到老年人的使用习惯和技术接受度，以便其能够顺利参与互动。

社交平台的界面应简洁、直观，并提供易于理解的操作指南。大字体、清晰的图标和简化的功能设置可以帮助老年人更容易地使用平台。还有，社交平台应提供多种互动方式，包括文本聊天、语音通话和视频通话等。这些互动方式能够满足不同老年人的需求，使其能够选择最适合自己的沟通方式。此外，要鼓励老年人在社交平台上分享个人经验、生活故事和兴趣爱好。这种分享可以促进老年人之间的交流和互动，增强其社交联系。

3. 志愿服务

志愿服务项目提供了一个老年人参与社区活动的途径，能够增强其社会归属感和参与感。这种参与不仅对社区有益，也能对老年人的认知功能产生积极影响。例如，组织志愿者服务项目，如帮助社区清理、参与社区建设和支持弱势群体等。这些服务活动能够使老年人感受到其对社区的贡献和价值，提升其自我认同感和成就感。还有，可以提供多样化的志愿活动选项，以适应老年人的能力和兴趣。志愿活动可以包括组织社区活动、参与老年人教育项目和协助医疗服务等。参与这些活动可以帮助老年人保持活跃的生活状态，并增强其社会联系。

第二章

老年人的日常生活情况概述

第一节　城市老年人的出行

一、城市交通模式分析

（一）步行作为主要出行方式的挑战

步行是城市老年人最常用的出行方式之一，尤其对于那些没有交通工具或不再适宜自己驾驶的老年人而言，步行几乎是其首选的出行方式。然而，城市中的步行环境往往存在诸多不适宜老年人使用的障碍，这些障碍不仅增加了出行的难度，也极大影响了老年人的出行体验甚至安全。例如，不平整的路面、行道树根部凸起、缺乏人行横道等问题，都会导致老年人在步行过程中面临跌倒的风险。由于老年人反应速度较慢，视觉和听觉敏感度降低，他们在应对这些环境挑战时，往往显得力不从心。此外，步行时遇到的心理压力也不可忽视。对许多老年人而言，城市的繁忙交通和复杂的道路环境会引发强烈的不安全感，使其在出行时倍感紧张和不安。

（二）公共交通的使用与限制

公共交通是老年人出行的重要方式之一，尤其是在大中型城市中，公共交通为老年人提供了相对经济和便捷的出行选择。然而，尽管公共交通系统覆盖广泛，其设计和运营仍然存在许多未能充分考虑老年人特殊需求的方面。首先，公交车和地铁的设计未必适应老年人的身体状况。许多老年人在使用公共交通工具时，常常面临着登车、下车的困难，尤其是当车门较窄、台阶较高时，老年人容易失去平衡，增加了跌倒的风险。此外，车内设施如狭小的座椅间距、不稳固的扶手，以及乘车时的颠簸感，都可能对老年人的安全构成威胁。其次，公交站点的设置也往往缺乏对老年人的考虑。部分站点没有提供休息区或遮阳避雨的设施，使得老年人在等待时无法应对天气变化。复杂的线路安排和频繁的换乘也给认知能力下降的老年人带来了挑战，增加了其在出行过程中的不确定性。

（三）私家车出行的优势与风险

对于那些仍然具备驾驶能力的老年人来说，私家车出行是一种相对便捷且灵活的交通方式。然而，随着年龄的增长，老年人的驾驶能力不可避免地出现衰退。反应速度变慢、视力减弱、认知能力下降等问题，都会影响老年人在复杂城市交通环境中的驾驶安全性。尤其是在交通流量大、路况复杂的城市中，老年司机更容易发生交通事故。此外，城市中日益紧张的停车位资源也给老年人驾驶私家车出行带来了不便。寻找停车位可能需要老年人长时间步行或跨越多个交通信号灯，这对于行动不便的老年人来说，无疑增加了出行的负担。停车场的设计也往往未考虑老年人的特殊需求，如停车位的宽度、坡道的坡度等，这些都会影响老年人的停车体验。

二、出行需求与障碍

（一）多样化的出行需求

城市老年人的出行需求远不止于满足日常生活的基本需要，还涵盖了丰富的社会参与需求。随着年龄的增长，老年人对医疗服务的需求增加，频繁的医院就诊、体检成为其生活中的重要部分。此外，日常购物、参与社区活动、进行文化娱乐等，都是老年人出行的重要动因。这些活动不仅是老年人维持自理能力的体现，更是其保持社会联系、参与社会活动的重要方式。出行因此成为老年人维持健康、参与社会生活的必要条件，而不是可有可无的选择。老年人的出行需求因此具有多样性和不可替代性，必须引起社会各界的高度重视。

（二）出行障碍的多重来源

老年人在出行过程中面临的障碍来自多个方面，这些障碍不仅源于交通系统设计的不足，还与老年人自身的身体状况密切相关。交通工具的使用难度对老年人来说是一大挑战。无论是公交车、地铁还是出租车，老年人在使用这些交通工具时，往往面临上下车困难、乘车时站立不稳、找不到座位等问题。这些问题不仅使老年人感到不便，还增加了其在出行过程中遭遇意外的风险。对于行动不便的老年人来说，完成出行所需的行动如在规定时间内过马路、在高峰期挤上公交车等，都是非常困难的。

（三）无障碍设施的不足

无障碍设施的不足是老年人出行的一大障碍。尽管近年来城市基础设施建设逐步重视无障碍设计，但在实际操作中，仍然存在大量不完善或形同虚设的无障碍设施。例如，一些无障碍坡道设计过于陡峭，轮椅难以安全通过；一些斑马线距离过长，老年人无法在绿灯时间内安全通过；一些公交车虽然设置了低地板和无障碍通道，但由于公交车站台高度不一致，老年人上下车仍然困难重重。此外，老年人对无障碍设施的使用还受到认知和操作能力的限制，复杂的设施操作要求和不清晰的标识都可能使老年人感到困惑和不安。

（四）步行环境的安全性问题

步行环境的安全性也是老年人出行的主要障碍之一。城市中的步行环境常常存在不安全因素，如人行道上的障碍物、机动车的侵占、夜间照明不足等。这些问题不仅增加了老年人跌倒的风险，还可能引发老年人的出行焦虑，使其不敢独自出行。特别是在雨雪天气，路面湿滑更容易导致老年人摔倒受伤，进一步加重了老年人对出行的恐惧和回避心理。此外，许多城市的步行道设计并未考虑老年人需要频繁休息的情况，缺乏足够的座椅或休息区，使得老年人长时间步行后无法得到及时的休息和缓解，这无疑增加了其疲劳感和出行难度。

三、交通设施与无障碍设计要求

无障碍设计是现代城市交通设施中不可或缺的一部分，特别是在老龄化社会的背景下，交通设施的无障碍设计显得尤为重要。无障碍设计不仅包括物理设施的无障碍，还涵盖了信息无障碍，这些设计都旨在为行动不便或有特殊需求的群体提供便利的交通服务。

（一）物理无障碍设施的设计关键

在物理无障碍设施方面，低地板公交车、无障碍电梯、坡道等设施是老年人出行的重要保障。低地板公交车的设计可以让老年人无须跨越高台阶，方便上下车，而无障碍电梯则能够为轮椅使用者和行动不便的老年人提供便捷的楼层间通行方式。坡道的设计应考虑到坡度的合理性，确保老年人和轮椅使用者能够安全通行。此外，站台与公交车门的高度差应尽量缩小，或者通过设置可调节的站台来适应不同类型的公交车，从而减少老年人上下车的困难。

（二）信息无障碍的设计核心

信息无障碍在老年人出行中也扮演着关键角色。信息无障碍的设计核心是确保老年人能够轻松获取并理解与出行相关的信息。例如，公交站点的指示牌应当设计得简洁明了，文字应当足够大，颜色对比度应当足够高，以便于视力下降的老年人阅读。此外，语音提示系统也应当覆盖广泛，从公交车内的到站提示到地铁站内的导航指引，都应当提供清晰、准确的语音信息，帮助老年人顺利完成出行。现代技术的发展还为老年人出行提供了更多的便利，如手机导航、智能语音助手等，但这些技术在适老化设计中需要特别注意其操作简便性和易用性，避免过于复杂的操作流程和界面设计，造成老年人的使用障碍。

（三）紧急救助设施与服务人员的支持

此外，交通设施的无障碍设计还应包括紧急救助设施的设置和服务人员的支持。城市交通系统中应当配备紧急按钮、急救电话等设施，以便老年人在出行过程中遇到紧急情况时能够及时求助。同时，公共交通系统中的工作人员应接受专业的培训，掌握帮助老年人出行的基本技能，能够为老年人提供必要的协助，如帮助老年人上下车、指引方向、处理突发状况等。这些措施不仅能够提高老年人的出行安全性，还能够增强其信心，使其更愿意参与社会活动，进一步融入社区生活。

第二节　老年人的生活环境

一、住宅空间的功能需求

（一）厨房的设计需求

厨房作为老年人日常生活中使用频率较高的空间，其设计会直接影响老年人的生活独立性和便利性。在厨房设计中，功能性和安全性应当被优先考虑。老年人的操作能力和体力会随着年龄的增长逐渐下降，因此，厨房的布局应当简洁且易于操作。首先，厨房台面的高度应考虑到老年人站立时的舒适度，低位柜台的设计有助于减少其弯腰动作，从而避免腰部和膝盖的过度负担。其次，厨房的储物空间应易于取用，避免使用需要爬高或深度弯腰才能够到的高位橱柜。为了增强厨房操作的便利性，安装易于抓握的手柄、旋钮和开关也非常重要，这些设计细节可以降低老年人在使用厨房设备时的操作难度，提升整体的安全性。此外，厨房应配备足够的照明，特别是在工作台面和烹饪区域，良好的照明能够帮助老年人更清楚地看到操作对象，减少误操作和意外事故的发生。

（二）浴室的设计需求

浴室是老年人生活环境中事故发生率最高的区域，因此，其设计必须高度重视安全性和便利性。浴室的地面防滑措施尤为关键，应选用防滑材料铺设地板，以减少老年人在潮湿环境中的滑倒风险。此外，浴室应当配备稳固的辅助设施，如扶手、座椅和无障碍淋浴房，以便老年人在洗澡和如厕时获得必要的支撑，降低摔倒的风险。浴缸和淋浴区的设计应考虑到老年人的行动能力，尽可能避免高台阶的设计，确保老年人可以安全进出。此外，浴室门应当宽敞，确保轮椅可以顺利通过，同时设置可从外部开启的锁具，以防止在紧急情况下老年人被困在浴室内。为了增强老年人在浴室中的舒适感，温控设备的设置也是必需的，能够提供恒定的水温，避免温度骤变引发的健康问题。浴室的照明也应当足够明亮，确保老年人在进入和使用浴室时能够清晰地看到周围环境，减少因光线不足引发的安全隐患。

（三）卧室的设计需求

卧室是老年人休息和恢复精力的主要场所，其设计应注重舒适性和安全性。床的高度应当适中，既方便老年人上下床，又能提供足够的支撑以减轻腰背负担。夜间的照明需求同样重要，卧室内应设置柔和的夜灯，以便老年人在夜间起床时能够安全行走。紧急呼叫按钮的安装可以为老年人提供额外的安全保障，确保老年人在突发情况下能够及时获得帮助。卧室的整体布局应简洁明了，避免多余的家具和装饰物，这样可以为老年人提供一个宽敞、舒适的休息空间，同时减少其在黑暗中行走时的碰撞风险。此外，卧室内的温度、湿度调节设备应当配置齐全，能够根据季节变化进行自动调节，为老年人创造一个舒适的休息环境。地面材料的选择应当以柔软、减震为主，既能增加舒适度，又能在老年人不慎跌倒时减少受伤的可能性。

二、家居安全与舒适性

（一）家居空间的安全性

老年人的家居安全是适老化设计的核心内容。在家居环境中，老年人经常面临的安全问题是跌倒和碰撞事故，这些事故往往会对老年人的身体健康造成严重威胁。因此，家居设计应通过合理的空间布局和设施配置，最大限度地减少这些风险。首先，房屋的各个通道应保持畅通无阻，避免放置任何可能绊倒老年人的障碍物。房门的设计应当考虑到老年人的行动能力，确保开关门时所需的力量适中，门框的宽度应能容纳轮椅通过。其次，地面的材料选择至关重要，宜采用防滑材料，并确保地面平整无缝隙，避免使用容易绊倒或滑倒的地毯等装饰。对于多层住宅，楼梯的设计应特别注意，楼梯的高度和宽度应符合老年人的步伐习惯，同时配备稳固的扶手和防滑条，以保障老年人的上下楼安全。此外，家具的布置应避免尖角和锋利边缘，尽量选择圆角设计的家具，以减少碰撞造成的伤害。

（二）家居环境的舒适性

舒适性是老年人生活环境中的另一个重要因素。一个舒适的家居环境不仅可以提升老年人的生活质量，还能够有效缓解其心理压力。家居设计应充分考虑老年人对温度、湿度和空气质量的需求，确保室内环境能够根据季节和天气的变化进行有效调节。供暖系统和空调系统应当能够提供稳定的温度控制，避免温差过大引发的健康问题。湿度调节设备也应配备齐全，尤其是在冬季和雨季，保持适宜的室内湿度对老年人的呼吸系统健康十分重要。此外，室内的通风设计应当合理，确保空气流通良好，避免空气中有害物质的积聚，这对于老年人的整体健康至关重要。家居环境的照明设计同样影响老年人的舒适感，适度的自然光照射不仅有助于维持老年人的生物钟，还能改善情绪，减少抑郁情绪。因此，在设计中应充分利用自然光，同时配备合适的人工照明，以在夜晚或阴暗天气时提供足够的光线。

（三）家居材料的可持续性

在适老化设计中，家居材料的选择不仅要考虑老年人的健康和安全，还应注重可持续性。环保材料的使用不仅可以减少有害物质的释放，保障室内空气质量，还能够延长建筑和家具的使用寿命，减少更换频率，从而降低环境负担。对于老年人居住的空间，材料的耐久性和易清洁性也非常重要。高耐磨性和防污性能的地板材料能够减少清洁和维护的工作量，而不易产生灰尘和过敏原的墙面材料则有助于保持室内环境的健康。此外，家居材料的选择还应考虑到其质地和触感，柔软且温暖的材料能够增加老年人居住的舒适感，减轻因触碰带来的不适。总体而言，适老化设计中的家居材料应当在保障健康、安全和舒适的前提下，尽可能实现环保和可持续发展目标，为老年人创造一个长久而宜居的生活环境。

三、社区环境对老年人的影响

（一）社区环境与社会互动

社区环境对老年人的身心健康有着深远的影响，特别是社区内的社会互动机会，对老年人的心理健康和生活满意度起到了重要作用。一个良好的社区环境不仅能够为老年人提供基本的生活服务，还能够为其提供参与社会活动、保持社会联系的机会。在适老化设计中，社区应设有绿地、休闲区和社交活动空间，这些空间可以促进老年人之间的交流，帮助其建立和维持社会关系，减少孤独感和抑郁情绪。绿地和花园的设计应当注重无障碍通行，同时配备舒适的座椅和遮阳设施，为老年人提供一个可以放松和社交的户外环境。社区中心或活动室可以定期举办各类适合老年人参与的活动，如健康讲座、手工艺品制作、音乐会等，丰富老年人的业余生活，提升其生活质量。

（二）社区医疗与护理设施

社区环境对老年人的影响不仅体现在社交活动的丰富性上，还在于医疗和护理设施的可及性。随着年龄的增长，老年人对医疗服务的需求显著增加，尤其是对于慢性病患者或行动不便的老年人而言，社区内医疗设施的设置尤为重要。适老化设计的社区应当配置必要的医疗和护理设施，如社区诊所、康复中心和药房等，这些设施应当尽可能靠近老年人的居住区，方便其在需要时能够迅速获得医疗帮助。社区内的护理服务也应当包括在适老化设计中，如定期健康检查、家庭护理服务以及紧急医疗救助等。这些服务能够为老年人提供及时的健康支持，确保其在社区内能够享受到完善的医疗和护理保障。

此外，社区医疗设施的设计还应注重无障碍和便利性，确保老年人能够轻松进入和使用这些设施。例如，社区诊所的入口应设置无障碍坡道，候诊区应配备舒适的座椅，并有足够的空间供轮椅使用者通过。药房的柜台应设计得足够低，以便于老年人能够方便地进行药品购买和咨询。康复中心的设备应考虑到老年人的特殊需求，提供适合其使用的康复器材，并配备专业人员进行指导。通过这些细致入微的设计，社区医疗设施不仅能为老年人提供医疗服务，还能帮助其在身体康复和心理健康方面得到全方位的照顾。

（三）社区的安全与环境质量

社区的整体安全性和环境质量对老年人的生活满意度和健康有着直接影响。一个安全、整洁的社区环境能够减少老年人在日常生活中面临的风险，提升其生活质量。在适老化设计中，社区的安全性应当被高度重视，包括良好的治安管理、完善的紧急救助系统以及安全的交通和步行环境。社区内应配备足够的照明设施，特别是在夜间活动区域和通道处，以确保老年人在夜间外出时的安全。此外，社区应设置视频监控系统和紧急求助按钮，帮助老年人在遇到突发事件时能够迅速获得帮助。

环境质量也是影响老年人健康的重要因素。社区的绿化水平、空气质量、噪声控制等，都直接关系到老年人的生活舒适度和健康状况。在适老化社区设计中，应尽量增加绿化面积，通过合理的植物配置和绿地规划，改善空气质量，降低噪声水平。社区内的建筑材料应选择低排放的环保材料，减少有害物质的释放，确保空气中的污染物浓度控制在安全范围内。此外，社区环境的清洁维护也十分重要，定期的垃圾清理、道路清扫和设施维护可以保持社区的整洁，防止传染病的传播，为老年人提供一个卫生、安全的生活环境。

（四）社区服务的便捷性

社区应提供多样化的便民服务，如超市、银行、邮局等，方便老年人在日常生活中获取所需的物资和服务。适老化社区应考虑到老年人的行动能力有限，尽量将这些服务设施设置在老年人易于到达的区域，缩短其出行距离。此外，社区还可以提供送货上门、家政服务等，帮助老年人解决生活中的实际困难，提升其生活便利度。

此外，适老化社区应当与城市的公共交通网络保持良好连接，确保老年人能够方便地使用公共交通工具出行。同时，社区内应设置合理的交通枢纽和停靠点，并配备足够的座椅和遮阳避雨设施，保障老年人在等候时的舒适性。对于那些行动不便的老年人，社区还应考虑提供专门的接送服务，帮助其顺利完成外出活动。

第三节　老年人的沟通方式

一、语言与非语言沟通

（一）语言表达能力的变化

随着年龄的增长，老年人的语言表达能力可能逐渐下降。这种变化不仅体现在语音的清晰度上，还包括词汇的使用频率和句子的组织复杂性。老年人可能在进行复杂的对话时感到吃力，尤其是在需要快速反应或涉及专业术语的情境下。这一现象在患有神经退行性疾病的老年人中尤为明显，如阿尔茨海默病患者的语言表达能力可能会显著减弱，导致其在日常交流中感到挫败和被孤立。因此，适老化设计需要考虑如何为老年人提供一个支持其语言表达的环境，如通过保持耐心、减少背景噪声、提供视觉提示等方式，帮助其更好地表达自己。

（二）非语言沟通的重要性

在语言表达能力下降的情况下，非语言沟通在老年人日常交流中变得越加重要。非语言沟通包括手势、表情、眼神接触、身体姿态等，这些形式的沟通可以弥补语言表达的不足，帮助老年人传达其需求和情感。例如，通过一个简单的手势或面部表情，老年人可以向护理人员或家属传达其情感状态或需求。适老化设计应在空间和环境上支持这种非语言沟通，如设计光线充足的交流空间，使得面部表情和手势能够被清楚地看到；在公共区域设置有助于面对面沟通的座椅排列，促进老年人与他人的互动。通过强化非语言沟通的途径，可以帮助老年人更好地与外界保持联系，减少因语言障碍带来的孤独感。

（三）环境对沟通的影响

环境设计对老年人沟通的影响至关重要。噪声、光线不足、拥挤的空间等环境因素都会对老年人的沟通能力产生负面影响。例如，背景噪声可能会干扰老年人的听力，使其难以听清对方的讲话内容，从而影响交流的顺利进行。因此，适老化设计需要特别关注沟通环境的优化。在居家环境中，可以通过使用吸音材料、设置隔音门窗等方式，降低环境噪声。在公共场所，如医院、养老院、社区中心等，设计者应确保这些场所的声音环境安静且舒适，为老年人的沟通提供良好的条件。此外，照明设计也应考虑到老年人的视觉需求，确保光线充足且柔和，以便其能够清晰地看到对方的表情和肢体语言，从而有效参与交流。

二、沟通工具与技术

（一）现代科技对老年人沟通的影响

随着科技的发展，智能手机、平板电脑等现代通信设备已经成为许多人日常生活中不可或缺的一部分。然而，这些设备的复杂性对老年人来说可能会构成障碍。尽管许多老年人已经开始使用这些技术与家人和朋友保持联系，但复杂的操作界面、频繁的软件更新以及小字体和触摸屏的使用都可能为其带来困扰。这些困难可能导致老年人对使用科技工具产生畏惧感，从而影响其与外界的沟通。因此，适老化设计需要注重技术的简单化和直观性，开发易于操作的设备和软件，帮助老年人顺利使用这些工具。

（二）易用性与可达性设计

在设计适用于老年人的沟通工具时，易用性和可达性是两个关键因素。易用性要求设备的操作简单直观，即使是对科技不熟悉的老年人也能轻松上手。例

如，设备的界面应尽可能简洁明了，按钮和功能应以老年人能够轻松理解和操作的方式呈现。可达性则涉及设备的物理设计，如适合老年人手部操作的大小和重量、能够适应视力下降的老年人的字体大小和屏幕亮度等。此外，设备的响应速度和语音识别功能也应进行优化，以减少老年人在使用过程中的挫败感。通过这些设计，老年人可以更容易地掌握沟通工具的使用，从而增强其社会联系。

（三）数字鸿沟与老年人的社会参与

尽管现代科技提供了便捷的沟通方式，但数字鸿沟依然是许多老年人面临的挑战。数字鸿沟不仅表现为对技术的陌生和恐惧，还包括经济能力、教育水平和心理因素的差异，这些都可能导致部分老年人无法享受到科技带来的便利。为了缩小这一鸿沟，适老化设计应在技术支持的基础上，提供更多的人性化服务。例如，社区或养老机构可以提供技术培训，帮助老年人掌握基本的沟通工具使用技能；同时，开发者应考虑设计简化版的应用程序，专为老年人设计的设备和服务，以便能够更方便地融入数字社会。这不仅有助于提高老年人的生活质量，也能提升其社会参与度和心理健康。

三、设计支持沟通的策略

（一）物理空间设计的支持

在适老化设计中，物理空间的设计对老年人的沟通能力具有直接影响。设置便于交流的座椅和社交区域，可以为老年人创造良好的沟通环境。在家居设计中，应提供舒适的休息区，如起居室、阳台等，供老年人与家人或朋友交流。在公共场所，如社区中心或养老院，应该设置适合老年人沟通的空间，这些空间应尽量安静、宽敞，方便老年人进行面对面的交流。此外，座椅的布置应考虑到老年人的身体条件，提供背部支撑良好、座高适中的座椅，便于其长时间坐着交流。通过这些设计，老年人能够更自由地表达自我，保持与外界的联系，增强社交的自信心。

（二）技术工具的优化设计

除了物理空间的设计，技术工具的优化也是支持老年人沟通的重要策略。开发适合老年人的通信应用程序是其中的重要一环。这些应用程序应具有简洁的界面设计、直观的操作流程以及清晰的语音指引，帮助老年人轻松掌握使用方法。此外，语音识别技术和语音辅助功能也应在设计中得到充分利用，使老年人即使在语言表达能力下降的情况下，依然能够通过语音输入或指令与他人沟通。应用程序还应考虑老年人的视觉和听觉需求，如提供更大字体、更高对比度的界面，以及清晰的音频输出选项。通过这些优化设计，老年人能够更加自信地使用现代技术工具，减少因技术障碍带来的沟通困难。

（三）社会层面的支持与鼓励

除了设计本身以外，社会层面的支持与鼓励也是促进老年人沟通的重要策略。在适老化设计中，鼓励家庭和社区成员积极与老年人沟通，减少其孤立感，是提高老年人生活质量的关键措施。家庭成员应被鼓励定期与老年人进行交流，关心其情感需求，帮助其解决在沟通中遇到的问题。此外，社区活动也应注重老年人的参与，通过组织社交活动、兴趣小组等方式，提供更多与他人互动的机会。社区的支持和鼓励可以帮助老年人保持积极的心态，增加与外界的联系，进而提升其社会参与度和生活满意度。

（四）多层次的沟通渠道

为确保老年人在不同场合都能顺利沟通，适老化设计应提供多层次的沟通渠道。这不仅包括传统的面对面交流和电话联系，还应采用现代技术手段，如视频通话、社交媒体、电子邮件等。通过多种沟通方式的结合，老年人可以根据自身的偏好和能力选择最适合的沟通方式，从而保持与家人、朋友以及社会的联系。多样化的沟通渠道能够满足老年人在不同情境下的需求。例如，在家中，老年人可以选择与家人进行面对面的交流，而在无法亲自见面的情况下，也可以通过视频通话保持联系。此外，社交媒体平台的使用虽然对部分老年人来说可能具有一定的挑战性，但通过适当的设计和培训，也可以利用这些平台与更广泛的社会群体互动，分享自己的生活和经验。

（五）支持代际沟通的设计

代际沟通在老年人的社交生活中具有特殊的重要性。年青一代与老年人之间的沟通不仅有助于传承家庭文化和价值观，也能帮助老年人保持心理健康和生活活力。适老化设计应为代际沟通提供便利，如在家庭住宅中设置适合不同年龄段共同活动的空间，鼓励老年人与年轻人共同参与家庭活动。此外，技术工具的设计也应考虑到代际使用的需求，开发适合不同年龄段共同使用的应用程序或设备，使老年人能够与子孙辈通过共同的兴趣和活动保持联系。这种设计不仅能增强家庭成员之间的情感交流，还能帮助老年人保持对新事物的兴趣和学习能力，提升其自信心和社交积极性。

（六）心理与情感支持的融入

沟通不仅是信息的传递，也是情感的交流。适老化设计在支持老年人沟通时，还应考虑如何融入心理与情感支持。老年人由于生理和社会角色的变化，容易产生孤独、焦虑等负面情绪，因此在设计中应融入关怀和支持的元素。例如，设计可以通过温馨的色调、亲切的氛围布置，以及使用能够激发回忆和愉悦情感的装饰元素，来营造一个充满关爱的环境。此外，家人和护理人员的沟通方式也应注重情感支持，耐心倾听老年人的需求和感受，给予足够的尊重和理解。通过这些方式，适老化设计不仅能够帮助老年人保持有效的沟通，还能在情感上为其提供支持，提升生活满意度和幸福感。

第三章

适老化设计的理论基础

第一节　老年人的情感需求

一、老年人情感需求的类别

在现代社会，随着人口老龄化进程的加快，老年人群体的情感需求日益成为社会关注的焦点。情感需求是人类基本需求的重要组成部分，对老年人来说显得尤为重要，同时，它也是适老化设计的重要依据和出发点。一般而言，在做适老化设计时，应关注老年人以下几类情感需求。

（一）孤独感

孤独感是老年人最为普遍且深刻的情感体验之一。随着子女成家立业、外出工作，老年人与子女的物理距离逐渐拉大，情感联系的减少使其在生活中感到空虚和孤独。孤独感不仅仅是由于家庭成员的分离导致的物理孤独，更是情感联结的断裂所带来的心理孤独。这种孤独感往往伴随着深深的失落感，使得老年人感到无助和被遗弃，严重时会影响其心理健康。

孤独感的产生不仅与老年人自身的生活状况相关，还会受到社会环境和文化背景的影响。在一些以家庭为中心的文化中，老年人与子女的亲密关系被视为生活幸福的重要保障。当这种关系因子女的离家而中断时，老年人所感受到的孤独感将更加深刻。孤独感的长期积累不仅会导致老年人产生抑郁、焦虑等心理问题，还可能对生理健康产生负面影响，如免疫功能的降低、慢性疾病的加重等。

在适老化设计中，孤独感的缓解需要从多个角度进行综合考虑。首先，在空间设计中，应注重公共空间的设置，以便老年人能够更容易地参与社交活动，缓解因独居带来的孤独感。其次，设计应考虑到老年人对情感支持的需求，通过家庭与社区的联动机制，增强老年人与子女、亲友的情感联系，从而减轻其孤独感。最后，设计应当融入更多的情感因素，如温馨的色彩搭配、舒适的家具陈设等，以创造一种温暖的居住环境，提升老年人的情感满足感。

（二）社交需求

社交需求是老年人情感需求中的重要组成部分。随着年龄的增长，老年人的社交圈逐渐缩小，这一变化直接影响到其心理健康和生活质量。社交活动不仅是为了满足老年人娱乐的需求，更是其获得情感支持、增强自我认同感的重要途径。

部分老年人由于失去了日常与子女的密切互动，社交需求变得更加迫切。他们渴望通过与朋友、邻里以及社区成员的互动来弥补亲情的缺失。如果社交需求得不到满足，往往会导致老年人感到孤独和被遗弃，这种情感失落不仅影响情绪，还可能进一步使他们的身体状况恶化。

在适老化设计中，满足老年人的社交需求需要注重以下几个方面。首先，空间设计应当提供足够的社交场所，如社区活动中心、花园、广场等，便于老年人开展社交活动。其次，设计应当考虑老年人的社交习惯和偏好，提供多样化的社交活动选择，如兴趣小组、文化活动等，以增强老年人的社交互动。最后，适老化设计还应当利用现代科技手段，如智能社交平台、远程视频通话等，帮助老年人摆脱物理距离的限制，与远方的亲友保持联络，满足其社交需求。

社交需求不仅是老年人保持心理健康的重要手段，还是在社会中保持活力和积极性的关键因素。满足老年人的社交需求，有助于提升其自我价值感和幸福感，进而提高其生活质量。适老化设计在这一方面的成功与否，直接关系到老年人对生活环境的满意度以及他们的整体幸福感。

（三）安全感

安全感是老年人生活中不可或缺的重要情感需求。随着年龄的增长，老年人的身体机能逐渐衰退，他们对生活环境的安全性有了更高的要求。安全感的缺失不仅会导致老年人产生焦虑和不安，严重时还会影响日常生活质量。因此，如何提升老年人的安全感，成为适老化设计中的一个重要挑战。

安全感不仅是指物理环境的安全性，还包括心理上的安全感。老年人在面对日常生活中的不确定性和潜在危险时，常常会产生一种无助感和不安全感，这种情感需求在他们的日常生活中表现得尤为突出。适老化设计需要考虑到老年人对安全感的需求，通过一系列设计手段，增强其对环境的信任感和对生活的控制感。

在适老化设计中，提升老年人的安全感需要从多个角度进行考虑。首先，物理环境的安全性是基础，设计需要考虑老年人在日常活动中的安全隐患，如地面的防滑设计、光线的充足性和无障碍设施的设置等。这些物理安全因素会直接影响老年人的生活安全感，是适老化设计中的基础内容。其次，心理上的安全感也需要通过设计来提升。老年人由于身体机能的退化，常常感到生活中的不确定性增加，这种不安全感需要通过设计来缓解。设计中的导向系统、环境的熟悉性以及空间的开放性，都是增强老年人心理安全感的重要因素。这些设计元素能够帮助老年人更好地适应环境，减少他们在日常生活中的焦虑和不安。最后，适老化设计还需要考虑到老年人对环境的信任感和控制感。通过设计提供清晰的环境信息和友好的使用体验，帮助老年人更好地掌控自己的生活，从而增强其心理安全感。这种设计理念强调老年人在生活中的自主性和独立性，是提升其生活质量的重要途径。

总之，孤独感、社交需求和安全感是老年人情感需求的三个主要方面，这些需求直接影响到他们的生活质量和心理健康。适老化设计在满足这些情感需求方面发挥着关键作用，需要通过综合的设计策略和人性化的设计理念，帮助老年人提升生活的幸福感和满足感。

二、情感需求的影响因素

老年人的情感需求受到多种因素的影响，如家庭结构的变化、健康状况、经济状况等，这些因素不仅决定了老年人情感需求的类型和强度，也在很大程度上影响了适老化设计中情感支持策略的有效性。理解这些影响因素对于制订有效的适老化设计方案至关重要。在此主要分析经济状况对老年人情感需求的影响。

老年人的经济状况不仅决定了他们在日常生活中能够获得的资源和服务的质量与数量，还直接影响了他们的情感需求满足程度和生活满意度。随着现代社会经济结构的多样化，老年人群体在经济状况上呈现出明显的差异，这种差异导致了情感需求的多样性和复杂性。

经济条件优越的老年人通常拥有更多的选择，可以通过购买服务、参与高质量的社交活动来满足情感需求。对于这部分老年人来说，他们的情感需求往往能够通过丰富的物质条件和多样化的生活方式得到满足。例如，他们可以选择入住高端养老社区，享受优质的生活设施和服务，参与丰富多彩的社交活动，从而获得更高的生活满意度和情感满足感。此外，相对富裕的老年人通常能够更好地利用现代科技手段，如智能家居设备、远程医疗服务等，来增强他们的生活质量和安全感。

对于经济条件相对较差的老年人来说，情感需求的满足则往往面临更多的挑战。这些老年人往往因为经济相对困难而无法获得充足的情感支持服务，更多地依赖于公共服务和社区支持。他们可能无法参与高质量的社交活动，也难以负担私人的护理服务，这使得其在情感需求上更加依赖外部的支持系统。如果社区和公共服务不能提供足够的支持，这部分老年人将面临更大的孤独感和不安全感。

在适老化设计中，经济状况对老年人情感需求的影响不容忽视。设计者需要考虑到不同经济背景老年人的需求差异，提供具有包容性和多样性的设计方案，以确保各类老年人都能获得必要的情感支持。例如，在公共设施的设计中，设计者应考虑到低收入老年人的特殊需求，确保他们能够方便地获得情感支持服务。此外，适老化设计还应当注重公共服务的公平性，避免因经济差异而导致的情感需求不平等，应使所有老年人都在适老化设计中获得平等的情感支持和生活质量提升的机会。唯有如此，适老化设计才能真正实现其为老年人创造舒适、便捷、安全生活环境的目标。

第二节　服务设计的基本理论和关键要素

一、服务设计的基本理论

服务设计是一种以用户为中心的设计方法，旨在通过系统化的设计流程，优化服务体验，提升用户满意度。在当代适老化设计中，服务设计不仅要考虑老年人的身体状况和认知能力，还要深入理解其情感需求和心理感受。随着人口老龄化的加剧，服务设计在适老化设计中扮演着越来越重要的角色。下面将围绕以用户为中心、系统化设计和人性化设计三个方面，对服务设计的基本理论进行阐释。

（一）以用户为中心

以用户为中心是服务设计的核心理念，它强调在设计过程中，用户的需求和偏好应该始终处于设计的中心位置。这一理念的核心是对用户的全面理解和深度参与，通过调研、测试和反馈，确保设计能够真正满足用户的需求，提升服务的有效性和用户体验。在适老化设计中，老年人作为主要用户群体，其特殊的需求和偏好需要被充分重视和响应。

1. 对用户需求的全面理解

对于老年人来说，他们的需求不仅体现在物质层面，更体现在情感和心理层面。随着年龄的增长，老年人在身体机能、认知能力和情感需求方面都发生了显著变化，这些变化直接影响了他们对服务的需求。因此，在适老化设计中，服务设计需要通过深入的调研和分析，全面了解老年人的实际需求和生活方式。通过这种了解，设计者可以更好地把握老年人对服务的期望，从而为他们提供更符合需求的服务体验。

这种对需求的了解不仅包括老年人当下的需求，还需要预测他们在未来可能出现的需求变化。随着时间的推移，老年人的身体状况、生活习惯和心理状态都会发生变化，这些变化会影响他们对服务的需求。因此，服务设计必须具有一定的前瞻性，考虑到老年人未来可能面临的挑战，提前规划和设计相应的服务内容，以满足他们在不同阶段的需求。这种前瞻性的设计不仅能够提高服务的持续性和有效性，还能帮助老年人更好地适应生活中的变化，减轻其焦虑感和不安感。

2．用户的参与和反馈

老年人作为服务的最终用户，他们的体验和反馈对于服务设计的优化具有重要意义。在适老化设计中，服务设计需要通过用户的积极参与和持续反馈，来不断优化服务流程和设计方案。老年人由于其特殊的生理和心理特征，可能在使用服务时遇到各种问题，这些问题需要通过用户的反馈被及时发现和解决。设计者应通过多种渠道（如问卷调查、用户测试等）收集老年人的反馈，并根据这些反馈进行设计调整，确保服务的有效性和用户满意度。

在这个过程中，设计者不仅要关注老年人的直接反馈，还要注重他们在服务使用过程中的行为和情感反应。这些间接反馈可以通过观察、数据分析和行为研究等方法获取，为服务设计提供更加全面和深入的洞察。例如，老年人在使用某种服务时的表情变化、操作时的犹豫或困惑，甚至是在服务环境中的身体姿势和动作，都可以反映他们对服务的真实感受和潜在需求。这些对细节的观察能够帮助设计者发现问题的根源，从而进行更有针对性的设计改进。

3．用户体验的提升

对于老年人来说，服务体验的好坏直接关系到他们的生活质量和幸福感。适老化设计中的服务设计不仅要满足老年人的基本需求，还要通过优化用户体验，提升他们的生活满意度。服务体验的提升不仅体现在服务流程的便捷性和高效性上，还体现在服务的个性化和情感关怀上。通过以用户为中心的设计方法，服务设计可以更好地响应老年人的需求，提升他们的服务体验和生活幸福感。

用户体验的提升不仅是设计的最终目标，也是衡量服务设计成功的重要标准。老年人在使用服务时的满意度、舒适度和情感认同感，都可以作为衡量用户体验的关键指标。设计者可以通过定量和定性的方法，对这些指标进行评估和分析，从而不断优化服务设计。与此同时，设计者还应当关注用户体验的长期效果，即老年人在持续使用服务后的感受变化。这种长期效果的评估有助于设计者了解服务设计的持久性和适应性，以便为未来的设计改进提供科学依据。

（二）系统化设计

系统化设计强调从整体系统的角度出发，综合考虑服务的各个环节和要素，确保服务的连贯性和整体性。在适老化设计中，系统化设计尤为重要，因为老年人往往需要面对多个复杂的服务场景，服务的连贯性和整体性对于他们的体验至关重要。系统化设计通过将硬件设施、软件应用和服务流程整合在一起，形成一个完整的服务系统，为老年人提供无缝衔接的服务体验。

1. 从整体角度出发

系统化设计要求设计者从整体角度出发，综合考虑服务的各个环节和要素。对于老年人来说，他们的生活涉及多个不同的服务场景，这些服务场景之间往往相互关联且需要协同运作。系统化设计通过整体设计思维，确保服务的各个环节能够无缝衔接，为老年人提供一致性和连贯性的服务体验。设计者需要将老年人的生活需求视为一个整体，系统地分析他们在各个生活场景中的需求，从而设计出一个功能齐全、操作简便且连贯性强的服务系统。

系统化设计不仅关注服务的每一个独立环节，更强调这些环节之间的协同作用。对于老年人来说，服务的每一个环节都可能影响他们的整体体验，因此，设计者必须确保各个服务环节之间的协调一致性。例如，在老年人使用医疗服务时，从预约、就诊到后续的健康管理，每一个环节都需要紧密衔接，避免出现服务断层或信息不对称等问题。通过系统化设计，服务的各个环节可以实现信息共享、流程优化和资源整合，从而提升服务的整体性和连贯性。

2. 服务系统的整合与协调

在适老化设计中，服务系统的整合与协调至关重要。因为老年人可能在同一时间内需要使用多种不同类型的服务，这些服务需要在设计上实现高度的整合与协调，以确保老年人在使用过程中能够顺畅无阻。系统化设计通过将硬件设施（如智能家居设备、医疗设备）、软件应用（如健康管理系统、社交平台）和服务流程（如日常生活照料、紧急救助）整合在一起，为老年人提供一个无缝衔接的服务体验。通过这种整合与协调，服务系统不仅能够满足老年人的多样化需求，还能够提高服务的效率和响应速度，提升整体的服务质量。

服务系统的整合与协调还需要考虑到老年人的实际使用能力和习惯。老年人在使用服务时，可能会遇到技术操作上的困难或心理上的障碍，因此，系统化设计必须考虑到服务系统的易用性和友好性。通过对老年人操作行为的研究和分析，设计者可以优化服务界面、简化操作流程，并提供必要的支持和引导，帮助老年人更轻松地使用服务系统。这种以用户能力为基础的系统化设计，不仅提高了服务的可用性，还增强了老年人的信心和独立性。

3. 服务系统的可扩展性和可持续性

在适老化设计中，老年人的需求可能会随着时间的推移而发生变化，这就要求服务系统具备一定的可扩展性和可持续性。系统化设计通过模块化设计、可扩展的服务架构和灵活的服务流程，确保服务系统能够随着老年人需求的变化而进行调整和扩展。通过这种设计方式，服务系统不仅能够满足老年人当前的需求，还能够在未来不断优化和升级，为老年人提供持续的服务支持。

服务系统的可扩展性和可持续性还涉及技术更新与服务创新。随着科技的发展，新技术的引入和应用将不断改变服务的形式与内容。系统化设计必须具有前瞻性和适应性，能够迅速响应技术变革，将新技术有效地整合到服务系统中。此外，设计者还应考虑服务系统的维护和升级成本，确保服务在长期运行中保持高效和稳定，为老年人提供持久可靠的支持。这种面向未来的系统化设计，不仅提升了服务的竞争力，还为老年人的生活质量提供了有力保障。

（三）人性化设计

人性化设计要求在设计过程中充分考虑用户的情感需求和心理感受。对于老年人来说，人性化设计尤为重要，因为他们不仅在身体上需要更多的关怀和照顾，在心理上也更加需要情感支持和社会互动。在适老化设计中，服务设计需要通过温馨、关怀的设计，提升老年人的幸福感和生活满意度。

1. 人性化设计强调对老年人情感需求的深度理解

随着年龄的增长，老年人在生活中面临着许多情感挑战，如孤独感、失落感和安全感缺失等。这些情感需求往往比物质需求更加难以满足，因此在服务设计中，设计者需要通过人性化的设计手段，深入理解并回应老年人的情感需求。人性化设计不仅要关注服务的功能性，还要关注服务的情感性，通过细致入微的设计，提升老年人在服务使用过程中的情感体验和心理满足感。

在人性化设计中，老年人的心理安全感尤为重要。由于身体机能的退化和社会角色的变化，老年人在面对新的服务或技术时，往往会感到不安甚至恐惧。这种心理上的不安全感可能会导致老年人对服务的抗拒，甚至影响他们的整体生活质量。人性化设计通过营造一个友好、安全的服务环境，帮助老年人克服这些心理障碍。例如，设计者可以通过简化操作流程、增加视觉和听觉提示、提供情感化的服务界面等方式，增强老年人在使用服务时的安全感和信任感。

2. 人性化设计要求在服务设计中注重用户的心理安全感和情感支持

老年人由于身体机能的退化和社会角色的变化，往往在心理上更加脆弱和敏感。他们需要在服务的使用过程中感受到来自服务提供者的关怀和理解，以获得心理上的安全感和情感支持。人性化设计通过在服务中融入温馨的设计元素如舒适的色彩、友好的界面、亲切的语音提示等，为老年人创造一个温暖、友好的服务环境，帮助他们在使用服务时感受到安全和关怀。

此外，情感支持还体现在服务中的互动性和个性化上。老年人在使用服务时，往往需要更多的个性化关怀和情感互动。人性化设计通过提供定制化的服务内容、个性化的服务体验和情感化的服务交互，帮助老年人感受到服务的温度和人情味。这种个性化的情感支持不仅能够满足老年人的心理需求，还能增强他们对服务的依赖性和满意度，使他们在晚年生活中感受到更多的幸福和满足。

3. 人性化设计需要关注老年人的社会互动需求

社会互动对于老年人的心理健康和生活幸福感具有重要意义，然而随着年龄的增长，老年人的社交圈逐渐缩小，他们在日常生活中可能面临孤独感和社会隔离感的困扰。人性化设计通过在服务中融入社交互动功能（如在线社区、社交平台、虚拟活动等），帮助老年人建立和维持社会联系，增强他们的社会参与感和归属感。通过这种设计方式，老年人在服务使用过程中不仅能够满足基本需求，还能够获得丰富的社会互动体验，提升整体的生活幸福感。

社会互动的设计不仅仅是为了满足老年人的社交需求，更是为了帮助他们保持心理健康和生活活力。人性化设计应当创造一个支持老年人社交活动的平台和环境，鼓励他们积极参与社区活动和社会互动。在这种互动中，老年人不仅能够分享生活经验，还能够获得情感支持和心理慰藉。这种基于社会互动的人性化设计，不仅提升了老年人的生活质量，还增强了他们的社会归属感和生活满意度。

综上所述，服务设计的基本理论涵盖了以用户为中心、系统化设计和人性化设计三个核心方面。在适老化设计中，服务设计通过深度理解老年人的需求和偏好，系统化整合服务要素，并注重用户的情感体验和心理安全感，为老年人提供高质量的服务体验和全面的情感支持。这些设计理论不仅提升了老年人的生活质量和幸福感，也为适老化设计提供了坚实的理论基础和实践指导。通过这些理论的应用，服务设计能够在适老化设计中发挥重要作用，为老年人创造更加舒适、便捷、安全的生活环境。

二、服务设计的关键要素

适老化设计中的服务设计涉及多个关键要素，这些要素不仅决定了服务的质量，还直接影响老年人的用户体验。随着社会老龄化进程的加快，如何为老年人提供高质量的服务已成为一个重要的社会课题。服务设计中的关键要素包括可用性、便利性和安全性，这些要素共同作用，确保服务能够有效满足老年人的需求，提升他们的生活质量和幸福感。

（一）可用性

可用性是服务设计的基础，它决定了老年人能否顺利、有效地使用各种服务。对于老年人来说，身体机能和认知能力的下降使得他们在使用服务时面临独特的挑战。因此，服务设计必须特别关注可用性，确保服务在设计上能够最大程度地满足老年人的实际需求，避免因操作复杂或界面不友好而导致的使用障碍。

1．服务的易用性

老年人在使用服务时，往往需要面对操作界面、交互模式和使用步骤的挑战。对于老年人群体来说，复杂的操作步骤、多层次的菜单以及烦琐的设置流程都会降低服务的可用性。因此，在适老化设计中，服务设计应当尽可能简化操作步骤，减少不必要的复杂性，以确保老年人能够轻松地理解和操作服务。设计者需要从老年人的角度出发，分析他们的操作习惯和认知特点，设计出符合老年人使用习惯的界面和交互方式，提升服务的可用性。

2．服务的可访问性

老年人在日常生活中可能面临视力、听力、触觉等方面的限制，这些限制可能影响他们对服务的使用。因此，服务设计需要在界面设计、交互方式和物理设施上考虑老年人的可访问性需求。例如，在视觉设计上，使用高对比度的色彩、较大的字体和清晰的图标可以帮助老年人更容易辨识与使用服务。在听觉设计上，提供清晰的语音提示和声音控制功能可以增强老年人对服务的掌控感。此外，物理设施的可访问性，如无障碍通道、低位操作面板等，也需要在设计中得到充分考虑，确保老年人能够在各种场景下方便地使用服务。

3．服务的可靠性和稳定性

老年人往往在使用服务时依赖其可靠性和稳定性，任何服务中断或故障都会对他们的生活造成不便，甚至可能导致安全问题。因此，服务设计必须确保服务的高可靠性和稳定性，减少意外情况的发生，并在设计中提供有效的故障预防和处理机制。通过提供稳定、可靠的服务体验，能够增强老年人的信任感和依赖性，使他们在使用服务时感到安心和舒适。

4．用户的学习成本

老年人由于生理和心理特征的限制，在学习新事物时可能需要更多的时间和精力。因此，服务设计需要降低用户的学习成本，通过直观的界面设计、清晰的指引和逐步的操作流程，帮助老年人快速掌握服务的使用方法。设计者还可以通过提供详细的用户手册、视频教程和用户支持服务，进一步降低老年人的学习难度，提高服务的可用性。

（二）便利性

便利性是服务设计中的重要考量因素，它直接影响老年人获取服务的效率和体验。在适老化设计中，服务设计需要提供便捷的服务获取途径和高效的服务响应机制，确保老年人能够快速、方便地获取所需的服务。便利性不仅体现在服务的获取过程上，还体现在服务的使用和反馈过程中。为老年人提供便利的服务体验，可以有效提升他们的生活质量和用户满意度。

1．服务的易获取性

老年人在日常生活中可能面临行动不便、交通不便或信息不对称等问题，这些问题可能导致他们难以及时获取所需的服务。因此，服务设计需要确保老年人能够便捷地获取服务，减少获取过程中的障碍。设计者可以通过提供多种服务获取渠道（如电话预约、在线平台、自助设备等），增加老年人获取服务的机会和便利性。此外，服务的获取途径还应当考虑到老年人的实际使用环境，确保他们在家中、社区或公共场所都能方便地获取所需服务。

2．服务的响应速度和效率

老年人在面对紧急情况或需要即时帮助时，服务的响应速度至关重要。服务设计需要确保服务的高效性，通过优化服务流程、增加服务资源配置和完善服务响应机制，确保老年人在需要时能够迅速得到帮助。设计者可以通过引入智能技术、自动化系统和快速反应机制，提升服务的响应速度，减少老年人在等待服务时的焦虑感和不安感。高效的服务响应不仅能够提高服务的便利性，还能够增强老年人对服务的信任感和依赖性。

3．服务的操作简便性

老年人在使用服务时，往往需要面对相应的操作界面和操作步骤，这可能导致他们在使用服务时感到困惑或不知所措。因此，服务设计需要简化操作步骤，减少用户在使用过程中的认知负担。通过提供直观的操作界面、简化的交互流程和明确的操作指引，设计者可以帮助老年人更轻松地使用服务，提升服务的便利性。此外，服务的操作简便性还可以通过提供自动化选项和一键式操作来实现，减少老年人对复杂操作的依赖，使他们在使用服务时感到更加轻松和舒适。

4. 服务的反馈机制和用户支持

老年人在使用服务时，可能会遇到各种问题和困惑，这时他们需要及时获取反馈和帮助。服务设计需要建立完善的反馈机制，通过提供多种反馈渠道（如在线客服、电话支持、上门服务等），帮助老年人及时解决问题。设计者还可以通过提供用户指南、常见问题解答和使用教程等支持服务，帮助老年人更好地理解和使用服务。通过提供便捷的反馈和用户支持，设计者能够提高服务的便利性，增强老年人的用户体验和满意度。

（三）安全性

安全性是适老化设计中必须关注的核心问题，特别是在涉及健康监测、紧急救助等关键服务时，服务设计需要确保老年人在使用服务时的安全性。安全性不仅包括物理安全性，还包括信息安全性和心理安全性。服务设计中的安全性直接关系到老年人的生命健康和生活质量，是服务设计中不可或缺的关键要素。

1. 物理安全性

老年人在日常生活中可能面临各种安全风险，如跌倒、误操作或意外伤害等。这些风险不仅威胁到老年人的身体健康，还可能对他们的心理状态造成负面影响。因此，服务设计需要确保服务在物理环境中的安全性，减少老年人在使用服务时可能遇到的物理风险。设计者可以通过在服务中加入安全提示、设置安全防护措施和提供紧急求助按钮，帮助老年人避免潜在的安全隐患，确保他们在使用服务时的安全性和可靠性。

2. 信息安全性

随着数字化服务的普及，老年人在使用智能设备和在线服务时，可能面临信息泄露、数据滥用和网络欺诈等风险。服务设计需要确保老年人在使用数字化服务时的信息安全，保护他们的个人隐私和数据安全。设计者可以通过加密数据传输、设置强密码验证和提供隐私保护选项，提升服务的安全性，防止信息泄露和数据滥用。此外，设计者还应当关注老年人在使用数字化服务时的安全意识，提供相应的教育和培训，帮助其增强信息安全意识，避免受到网络攻击和欺诈。

3. 心理安全性

老年人在使用服务时，可能会因为不熟悉技术、操作困难或遭遇失败而产生焦虑和不安。这种心理上的不安全感不仅会降低他们的用户体验，还可能影响他们对服务的信任和依赖。因此，服务设计需要通过人性化的设计手段，帮助老年人建立心理安全感。设计者可以通过提供友好的用户界面、温馨的提示和支持性的信息，帮助老年人在使用服务时感到安心和舒适。此外，服务设计还应当考虑到老年人在紧急情况下的心理需求，通过提供及时的心理支持和情感关怀，缓解他们在面对危机时的心理压力，提升他们的心理安全感。

4. 服务的持续性和可靠性

对于老年人来说，某些服务（如健康监测、紧急救助等）可能是他们日常生活中不可或缺的一部分，这就要求这些服务具备高水平的持续性和可靠性。服务设计需要确保服务在各种情况下都能够稳定运行，避免因系统故障或服务中断而对老年人的生活造成不利影响。设计者可以通过构建冗余系统、进行定期维护和提供应急预案，确保服务的持续性和可靠性，为老年人提供持续、安全的服务支持。

综上所述，服务设计中的关键要素包括可用性、便利性和安全性。这些要素在适老化设计中起到了至关重要的作用，它们共同决定了服务的质量和老年人的用户体验。通过提升服务的可用性，确保老年人能够轻松、方便地使用各种服务；通过增强服务的便利性，确保老年人能够快速、高效地获取所需的服务；通过加强服务的安全性，确保老年人在使用服务时的物理安全、信息安全和心理安全，服务设计能够为老年人提供高质量的服务体验，提升他们的生活质量和幸福感。在当代适老化设计中，设计者应当充分理解和应用这些关键要素，为老年人创造一个更加舒适、便捷、安全的生活环境。

第三节　适老化设计的规则依据

一、适老化设计的产生背景与发展历程

适老化设计的产生背景和发展历程体现了社会对老龄化问题的逐步认识，以及社会如何回应老年人不断变化的需求。从 20 世纪末到 21 世纪初，适老化设计经历了三个主要阶段，这三个阶段反映了社会对老年人需求的逐步深入理解以及相关政策的逐步完善。

（一）初期阶段：基础设施建设

20 世纪末，随着全球人口老龄化的趋势日益明显，各国政府和社会开始关注老年人的生活环境与生活质量问题。适老化设计的制定和实施逐渐成为社会发展的重点之一。在这一时期，适老化设计的焦点主要集中在基础设施的无障碍设计上，目的是确保老年人在公共空间中的基本安全和便利性。

1．无障碍建筑设计

无障碍建筑设计是早期适老化设计的核心内容。这些设计着重于对公共建筑和设施的改造，以适应老年人特别是行动不便者的特殊需求。例如，许多城市开始在公共建筑中增加轮椅坡道、无障碍卫生间和宽敞的电梯等设施。这些设计的目的是消除老年人在使用公共设施时可能遇到的障碍，使他们能够更加独立和安全地进行日常活动。

在无障碍建筑设计方面，设计者和建筑师开始重视细节设计，如入口的坡度、扶手的高度和位置、电梯按钮的高度等，这些都会直接影响老年人的使用体验。例如，为了方便轮椅使用者，建筑入口处的坡道不仅需要有适宜的坡度，还需要有足够的宽度和防滑地面。此外，无障碍卫生间的设计也必须考虑到空间的宽敞度、扶手的设置以及紧急呼叫按钮的位置等。

2. 基础设施改造

许多老旧建筑和设施在这一时期进行了必要的改造，以适应老年人的需求。这些改造包括但不限于增加扶手、改造门的宽度、改善地面材质等。这些措施的目的是消除物理障碍，使老年人的行动更加便捷。例如，老旧的楼梯可能被改造为坡道，狭窄的门框可能被拓宽，以方便轮椅使用者通行；地面材质的改善，如使用防滑材料，可以降低老年人跌倒的风险。

在基础设施改造的过程中，政府通常会提供财政支持和技术指导，以推动改造工作的顺利进行。财政支持可能包括直接的资金补贴、税收减免或贷款优惠等，以减轻改造成本对业主或管理者的压力。技术指导则涉及提供专业的改造方案和施工标准，确保改造工程的质量和效果。

3. 地方政府的推动

地方政府在适老化设计的实施中扮演了关键角色。它们不仅负责制定具体的政策和实施细则，还负责对相关设施进行检查和评估，确保政策得到有效执行。例如，地方政府可能会要求新建或改造的公共建筑必须符合一定的无障碍设计标准，否则不予批准或验收。此外，地方政府还会组织培训活动，提升建筑设计师和施工人员对适老化设计标准的认识与理解，从而在源头上保证设计和施工质量。

在这一阶段，适老化设计的推动也体现在对公众意识的提升上。通过媒体宣传、社区活动和教育课程等方式，政府和社会组织努力提高公众对老年人需求的认识，促进社会对老年人的包容和支持。这种社会氛围的营造有助于形成一个更加友好的环境，让老年人能够更加自信和舒适地参与社会活动。

（二）中期阶段：综合服务体系构建

进入 21 世纪，全球范围内的老龄化问题日益凸显，成为各国政府和社会关注的焦点。随着人口结构的变化，老年人口比例的上升对社会经济、医疗保健、家庭结构以及社区服务等方面都带来了深远的影响。在这一背景下，各国政府开始调整和制定新的政策与方案，以应对老龄化带来的挑战。这些政策与方案不再局限于单一的设施改造，而是转向构建更加全面的服务体系，旨在全面提升老年人的生活质量。

1．社区服务体系的建设

社区服务体系的建设是这一阶段的工作要点。社区服务体系的完善，不仅能够为老年人提供必要的生活支持，还能够帮助他们更好地融入社会，保持积极的生活态度。社区老年活动中心、日间照料中心的建立，以及老年人社交活动的组织，都是为了满足老年人在精神和社交方面的需求。通过这些服务，老年人可以参与到丰富多彩的文化和娱乐活动中，从而减少孤独感，增强社会归属感。社区老年活动中心作为老年人社交活动的重要场所，提供了各种各样的活动，如书画展览、手工艺课程、健身操班、棋类比赛等。这些活动不仅丰富了老年人的日常生活，还为他们提供了展示自我、交流思想的平台。通过参与这些活动，老年人能够结识新朋友，与同龄人分享经验，从而在心理上获得满足感和幸福感。

2．家庭支持系统的建设

家庭支持系统的建设也是应对人口老龄化挑战的关键。随着家庭结构的变化，传统的大家庭模式逐渐向核心家庭转变，这使得家庭在照顾老年人方面面临更大的压力。因此，国家开始关注家庭支持系统的建设，通过提供培训、资源和财政援助等方式，帮助家庭成员更好地照顾老年人。例如，政府可以提供专门的培训课程，教授家庭照顾者如何进行日常护理、如何应对老年人的突发状况等。此外，财政援助（如补贴、税收减免等措施）也可以减轻家庭照顾者的经济负担。

3．健康服务的整合

健康服务的整合也是提升老年人生活质量的一个重要方面。随着年龄的增长，老年人的健康状况往往会出现不同程度的下降，慢性病的发病率也随之升高。因此，国家推动了老年人健康服务的整合，以提高医疗服务的可及性，建设社区医疗服务设施，并实施健康评估和预防性干预措施。《老年人健康管理技术规范》《关于全面加强老年健康服务工作的通知》等多项行业标准和规范的出台，为老年人的健康管理和服务提供了标准化的指导，确保老年人能够获得持续、全面的健康服务。这些服务包括定期的健康检查、慢性病的管理、健康教育等，旨在帮助老年人预防疾病，延缓健康状况的恶化，从而提高他们的生活质量。

综上所述，21 世纪以来，老龄化问题的加剧促使政策从单一的设施改造转向建立更加全面的服务体系。社区服务、家庭支持和健康服务的整合，共同构成了这一阶段政策的主要特点。这些政策的实施，不仅有助于改善老年人的生活质量，还能够促进社会的和谐发展，为应对老龄化挑战提供了有力的支持。

（三）近期阶段：智能化与个性化发展

当今社会，随着科技的迅猛发展，适老化设计正逐步融入智能技术和个性化服务的元素。这一转变不仅体现了社会对老年人生活质量提升的重视，也反映了社会对老年人群体需求的深入理解和尊重。适老化设计的演变，主要体现在智能技术的应用、个性化服务的推动以及老年人参与设计这三个方面。

1. 智能技术的应用

随着智能家居系统、远程健康监测设备等技术和设备的不断成熟，这些技术和设备被鼓励应用于老年人的日常生活中。

智能家居系统通过语音控制和远程操作，使得老年人能够更加便捷地管理家庭设备，从而提高他们的生活便利性。例如，智能照明系统可以根据老年人的作息时间自动调节光线亮度，而智能安防系统则能在老年人遇到紧急情况时及时发出警报并通知家人或紧急服务人员。

远程健康监测设备的普及，为老年人的健康管理带来了革命性的变化。这类设备能够实时监测老年人的心率、血压、血糖等生命体征，并通过无线网络将数据传输给医生或家人，从而实现对老年人健康状况的持续跟踪。在紧急情况下，这些设备还能自动报警，为老年人提供及时的医疗救助。此外，智能穿戴设备（如智能手表和健康手环）也能够监测老年人的活动量和睡眠质量，帮助他们更好地了解自己的身体状况，并作出相应的调整。

2. 个性化服务的推动

如今，人们已经开始重视根据老年人的个体差异提供定制化的服务。这包括根据老年人的健康状况、兴趣爱好和生活习惯，制订个性化的照护方案和服务计划。例如，针对有特殊饮食需求的老年人，可以制订个性化的营养餐计划；对于爱好园艺的老年人，可以设计适合他们的园艺活动和课程。

个性化健康管理程序的开发，是个性化服务中的一个重要方面。这类程序能够根据老年人的具体需求调整健康干预措施，例如，根据老年人的运动习惯和健康状况，制订个性化的运动计划和饮食建议。此外，智能健康咨询系统能够提供 24 小时的健康咨询服务，老年人可以通过语音或文字与系统互动，获取健康信息和建议。

3. 老年人参与设计

现代理念强调老年人在适老化设计过程中的参与，这一理念认为，老年人的需求和意见应直接融入设计过程，以确保设计的有效性和适用性。老年人参与设计，意味着他们能够直接对产品和服务提出自己的见解与建议，从而使最终的设计成果更加符合他们的实际需求。例如，政策提倡通过用户调研和反馈机制，确保老年人的声音在设计决策中得到充分考虑。通过组织老年人参与设计研讨会、用户测试和反馈收集，设计师和开发者能够更准确地把握老年人的使用习惯和偏好，从而设计出更加人性化的产品和服务。

在实践中，老年人参与设计可以通过多种方式进行。例如，可以邀请老年人参与产品原型的测试，收集他们使用过程中的反馈，了解哪些功能是他们需要的，哪些操作对他们来说过于复杂。此外，还可以通过问卷调查、访谈和焦点小组讨论等方式，收集老年人对现有产品和服务的评价与改进建议。通过这些方式，老年人不仅能够为设计提供宝贵的第一手资料，还能够增强他们对产品和服务的认同感与归属感。

二、相关内容的解读

适老化设计是确保老年人生活质量和安全的重要工具。它从无障碍设计到社区服务制度，再到智能技术应用，形成了多层次的支持体系。然而，这些工具在应用过程中面临诸多实际问题，也有一些细节需要关注。对相关内容的深入解读，不仅有助于理解其指导作用，还能揭示其在实际应用中面临的挑战和解决策略。

（一）无障碍设计

无障碍设计是适老化设计的基础，要求所有新建和改建的公共设施必须符合无障碍标准。这些标准涉及建筑物的入口、通道、电梯、卫生间等多个方面，旨在确保老年人特别是行动不便者能够顺利进入和使用公共设施。

1．建筑物入口和通道

适老化设计要求建筑物入口处应设轮椅坡道，坡道的坡度应符合标准，以确保轮椅使用者可以安全通过。然而，在实际操作中，坡道的建设往往因为空间限制或设计不当导致坡度过陡，使用起来依然困难。设计师需要在设计阶段充分考虑实际的空间布局，并进行详细的坡度计算，确保符合标准。同时，施工方应严格按照设计图纸施工，避免随意改动，影响最终的使用效果。

2．电梯和升降设备

适老化设计要求公共建筑需配备无障碍电梯，电梯按钮需设有明显的标识，以及适合老年人使用的高度和可达性。然而，在实践中，电梯的操作界面可能设计得过于复杂，按钮标识不够清晰。此外，电梯的使用频率和维修保养也是实践中的问题。为确保电梯的有效性和安全性，设计师应简化操作界面，并设立定期检查和维修制度，确保电梯始终处于良好状态。

3．卫生间设施

适老化设计在卫生间设施上的应用主要体现在无障碍卫生间。无障碍卫生间应设有扶手、足够的空间和适合轮椅使用者的便器高度。尽管政策有明确的规定，但在实践中，无障碍卫生间的空间可能不足，导致扶手和便器的位置不合适。此类问题需要在设计阶段进行详细规划，保证无障碍卫生间内的所有设施符合人体工程学原理，并在施工过程中进行严格监督。

（二）社区服务制度

社区服务制度旨在建立一个全面的老年人生活支持系统，包括日间照料中心、老年活动中心和健康管理服务。这些制度旨在提供全方位的服务网络，以满足老年人的健康、社交和心理需求。

1．日间照料中心

适老化设计推动了日间照料中心的建设，这些中心能为老年人提供餐饮、健康检查、康复训练和社交活动等服务。然而，在实践中，日间照料中心可能面临人员不足、人员照料水平参差不齐、设施不完善等问题。政府部门应制定标准化的服务流程，并提供必要的资金支持。此外，中心管理者需要定期对服务质量进行评估，确保服务的高效和高质量。

2. 老年活动中心

老年活动中心会提供各种兴趣班和社交活动，旨在促进老年人的社会互动和身心健康。但在实践中，老年活动中心可能面临资源配置不足和活动内容单一等问题。应鼓励地方政府和社会组织合作，丰富活动内容，提高活动的吸引力。同时，老年活动中心应定期调研老年人的兴趣和需求，调整活动安排，确保活动内容符合老年人的实际需求。

3. 健康管理服务

社区服务制度还涉及健康管理服务，包括健康评估、慢性病管理和预防性干预。尽管相关制度已规定了服务内容，但实际中可能存在服务覆盖面不足和专业人员短缺等问题。政府应加强对健康管理服务的支持，培训专业人员，扩大服务的覆盖面，提升服务质量。此外，社区健康管理服务机构需与医疗机构合作，建立信息共享机制，确保健康管理服务的专业性、有效性和连续性。

（三）智能技术应用

智能技术应用推动了智能家居系统、健康监测设备等技术和设备的应用，有效提升了老年人的生活质量。

1. 智能家居系统

智能家居系统涉及的技术主要有智能灯光控制、自动化窗帘和语音助手等，这些技术旨在简化老年人的生活。然而，智能家居系统在设计和应用过程中可能会遇到技术兼容性差、操作复杂等问题。应鼓励技术厂商开发对用户友好的产品，并提供技术支持和培训，帮助老年人更好地使用智能家居系统。

2. 健康监测设备

健康监测设备如血压监测仪、血糖仪和心率监测器，现已得到广泛应用。

这些设备可以实时监测老年人的健康状况，但在实践中可能面临设备使用不便、数据准确性不高等问题。应鼓励研发机构提升设备的用户体验和数据准确性，同时加强对设备的质量监管，确保设备的可靠性和有效性。

3. 数据安全与隐私保护

智能技术的广泛应用带来了数据安全和隐私保护的问题。应要求智能产品生产企业必须遵循相关的数据保护法律，确保用户数据的安全；应加强对数据保护法律法规的实施，推动技术厂商采用先进的数据加密和保护技术，确保老年人在使用智能产品时的数据安全和隐私保护。

三、适老化设计在实践中的注意事项

（一）适老化设计的执行力

执行力是适老化设计能够取得实际效果的关键因素。为了确保适老化设计的有效实施，必须从执行机制的建设、专业人员的培训以及监管机制与惩罚措施等方面着手，综合提高适老化设计的执行力。

1. 执行机制的建设

执行机制的建设是确保适老化设计有效实施的首要任务。执行机制的建设应包括以下几个方面。

（1）明确职责分工。政府部门在适老化设计执行过程中扮演着不同的角色。城市规划部门负责建筑设计阶段的合规性检查，确保设计方案符合适老化设计标准；建设部门在施工阶段进行监督，确保施工过程符合设计要求，保证建筑质量和安全；卫生部门则负责适老化设计中涉及的健康设施的标准化，确保老年人使用的健康服务设施符合相关规定。这种职责分工不仅提高了执行机制的专业性，还确保了适老化设计的全面覆盖。

（2）制定执行流程。为了确保适老化设计的顺利实施，需要制定详细的执行流程。执行流程应包括适老化设计的设计、审查、施工、验收和反馈等环节。例如，设计方案提交后，相关部门应在规定的时间内进行审查，并在审查中指出可能存在的问题。施工阶段应建立验收机制，对施工过程中的适老化设计标准进行检查。通过制定详细的执行流程，可以提高适老化设计实施的效率和准确性。

（3）信息共享与沟通。执行机制的建设还需关注信息共享和沟通的顺畅。政府部门、设计师、施工单位和物业管理公司等相关方应建立有效的信息共享机制。例如，政府部门可以通过建立信息平台，及时发布适老化设计的变化和执行要求。设计师和施工单位可以通过平台获取最新的适老化设计信息和执行要求，从而确保设计和施工过程的合规性。此外，定期召开各方会议，讨论适老化设计执行中的问题和经验，也有助于提高适老化设计实施的协同性。

2．专业人员的培训

专业人员的培训是提高适老化设计执行力的重要措施。培训工作应涵盖以下几个方面。

（1）适老化设计内容的培训。对设计师、施工人员和监管人员进行适老化设计内容的培训是基础。培训内容应包括适老化设计的基本要求、标准和实施细则。通过培训，相关人员可以全面了解适老化设计的具体内容和实施要求，从而在实际工作中能够准确应用适老化设计。

（2）实际操作的培训。除了适老化设计内容的培训，还需进行实际操作的培训。培训应包括适老化设计的实际操作方法、设计技巧和施工要点。例如，在设计阶段，培训内容可以包括如何在建筑设计中融入无障碍设计要求，如何设计符合老年人需求的健康服务设施等。在施工阶段，培训内容可以涵盖如何按照设计方案进行施工，如何进行施工质量的检查和验收等。通过实际操作的培训，可以提高相关人员在工作中的实际操作能力。

（3）培训的持续性。适老化设计的内容和技术是不断发展变化的，因此，专业人员的培训应具有持续性。定期组织培训和更新课程内容，可以确保相关人员及时了解适老化设计的最新变化和技术进步。例如，随着智能技术的应用，设计师和施工人员需要了解新技术的应用要求和标准。通过持续的培训，可以保持专业人员的知识和技能与时俱进，从而提高适老化设计执行的有效性。

3．监管机制与惩罚措施

有效的监管机制和惩罚措施是确保适老化设计有效执行的核心。监管机制和惩罚措施应包括以下几个方面。

（1）建立监督机制。各级政府需要建立完善的监督机制，包括定期检查和突击检查。定期检查可以确保在设计和施工过程中符合适老化设计标准，例如，城市规划部门可以对设计方案进行定期审核，建设部门可以对施工现场进行定期检查。突击检查则可以在不事先通知的情况下，对设计和施工过程进行检查，以发现潜在的违规行为。通过建立监督体系，可以及时发现和纠正法规实施中的问题，提高法规的执行力。

（2）设立惩罚措施。对于不符合适老化设计标准的行为，需要设立明确的惩罚措施。惩罚措施应包括罚款、停工整改、责任追究等。例如，对于未按照适老化设计标准进行设计和施工的行为，可以处以罚款，并要求整改；对于严重违规行为，可以追究相关责任人的责任，甚至取消其从业资格。通过设立明确的惩罚措施，可以有效遏制违规行为，维护法规的严肃性。

（3）建立举报机制。为了提高适老化设计实施的透明度和公正性，需要建立举报机制。社会公众可以通过举报机制，对不符合适老化设计标准的行为进行举报。例如，设置举报热线和在线举报平台，鼓励公众对发现的违规行为进行举报。举报机制不仅可以帮助政府发现和纠正违规行为，还可以提高社会公众对适老化设计的关注和参与度。

（二）适老化设计的适用性

适用性问题涉及适老化设计在不同地区和建筑类型中的有效实施。适老化设计需要根据实际情况进行调整，以确保其广泛适用。适老化设计的适用性问题主要体现在地区差异和建筑类型差异两个方面。

1. 地区差异的考虑

不同地区的老年人口结构、经济水平和基础设施条件差异显著，因此，适老化设计的相关规定需要在全国范围内进行适当调整。地区差异的考虑包括以下几个方面。

（1）老年人口结构的差异。不同地区的老年人口结构差异将会直接影响适老化设计的需求。例如，在老年人口比例较高的地区，适老化设计的需求相对较大，需要设定更高的设计标准。而在老年人口比例较低的地区，虽然适老化设计的需求较小，但仍需考虑未来的老龄化趋势并进行相应的规划。因此，在制定适老化设计相关规定时，地方政府需要根据本地区的老年人口结构进行适当的调整，以确保适老化设计能够满足实际需求。

（2）经济水平的差异。不同地区的经济水平不同，导致基础设施建设和维护的条件存在差异。经济发达地区通常具有较高的资金投入能力，可以在建筑设计中实现更多的适老化设计要求，如高标准的无障碍设施和智能家居系统。而经济较为落后的地区，可能需要根据实际经济条件对适老化设计要求进行适度调整。地方政府应根据本地区的经济水平，结合实际情况制定相应的规定，以实现合理的适老化设计。

（3）基础设施条件的差异。不同地区的基础设施条件存在差异，也会影响适老化设计的实施。城市地区的基础设施通常较为完善，适老化设计可以涵盖更多方面，如综合社区服务设施、无障碍交通系统等。而在乡村地区，基础设施相对欠缺，适老化设计需要更加关注基本的无障碍通道和安全设施。相关规定应根据地区的基础设施条件进行调整，以确保设计标准的可行性和有效性。

2．建筑类型的差异

不同的建筑类型对适老化设计的要求也有所不同。适老化设计应针对不同类型建筑物的特点制定具体的设计标准。建筑类型的差异主要体现在以下几个方面。

（1）商业建筑。商业建筑通常包括商场、办公室、酒店等，其适老化设计需要考虑大量人员流动的特点。商业建筑的设计应包括更高标准的无障碍设施，如无障碍电梯、扶手、宽敞的通道等，以确保老年人能够方便、安全地使用。此外，商业建筑还需要设立易于识别的标识和紧急疏散通道，以便在突发情况下提供必要的支持。

（2）公共设施。公共设施如医院、学校、文化中心等，其适老化设计要求涉及广泛的服务功能。公共设施需要设置无障碍入口、无障碍卫生间、休息区等，以满足老年人的基本需求。同时，考虑到公共设施的功能多样性，其设计应包括适老化的服务台、信息咨询点和紧急救助设施等，以确保老年人在使用过程中能够获得全面的支持。

（3）住宅建筑。住宅建筑的适老化设计主要关注住宅内部的舒适性和安全性。设计中应考虑老年人的日常生活需求，如无障碍厨房、浴室和卧室布局，确保老年人能够方便地进行日常活动。同时，住宅建筑还需要关注住宅内部的安全设施，如防滑地面、扶手和紧急呼叫系统等，以减少意外事故的发生。

（4）特殊建筑类型。如养老院、日间照料中心等，其适老化设计要求更为专业和全面。这些建筑类型专门服务于老年人群体，其设计应包括医疗、康复、社交等多方面的功能。设计中应充分考虑老年人的生活需求和健康需求，如无障碍环境、舒适的生活空间、健身和康复设施等。此外，特殊建筑类型的设计还需要符合相关的行业标准和规范，以提供优质的服务。

（三）适老化设计相关规定的更新与调整

适老化设计相关规定的更新与调整是确保其持续有效的必要措施。随着社会和技术的发展，适老化设计的相关规定需要不断进行修订，以应对新的挑战和需求。有效的更新与调整可以确保适老化设计的相关规定始终保持科学性、实用性和前瞻性。

1. 定期评估与修订

适老化设计相关规定的定期评估与修订是保持其时效性和有效性的核心手段。这一过程包括以下几个关键步骤。

（1）实施效果评估。定期对适老化设计相关规定的实施效果进行评估，能够识别相关规定在实际应用中的不足和问题。评估过程应包括对设计方案实施后的反馈收集、使用效果分析以及老年人对设计使用的满意度调查。这些评估结果能够为适老化设计相关规定的修订提供真实、可靠的数据支持，确保适老化设计能够有效解决老年人实际遇到的问题。

（2）问题识别。通过评估，能够发现现行适老化设计中存在的问题，如技术要求的过时、设计标准的滞后等。问题识别不仅需要关注适老化设计在技术和设计上的不足，还需关注适老化设计实施过程中的实际问题，如执行力度不足、地方执行不一致等。识别这些问题是制订修订方案的前提，为适老化设计的更新提供方向。

（3）制订修订方案。根据评估结果，制订相应的修订方案。修订方案应涵盖对适老化设计内容的修改、补充和完善，以适应新的需求和挑战。修订过程应充分考虑技术进步、社会变化和老年人需求的变化，确保修订后的相关规定能够更好地服务于适老化设计目标。

（4）修订实施。适老化设计修订方案经审批通过后，需将修订内容正式实施。这包括对相关部门和从业人员进行培训，确保他们了解修订后的相关规定要求，并在实际工作中严格遵守。此外，还需对修订后的相关规定进行宣传和推广，以提高社会公众的认识和理解。

2．技术进步的融入

随着智能技术的迅速发展，适老化设计中涉及的技术要求也在不断变化。相关规定应关注新技术的应用，确保适老化设计能够充分利用现代技术的优势，同时避免可能的安全隐患。技术进步的融入主要包括以下几个方面。

（1）智能家居系统的应用。适老化设计的相关规定应明确智能家居系统的功能范围、数据安全保护措施以及技术兼容性要求，以保障老年人的使用体验和信息安全。

（2）远程健康监测技术。适老化设计的相关规定应明确这些技术的使用标准，如数据传输的安全性、设备的准确性和可靠性等。同时，应规定远程监测数据的隐私保护措施，防止个人健康信息的泄露。

（3）无障碍技术的更新。随着科技的发展，无障碍设计中的技术要求也在不断更新。例如，新型的无障碍电梯、自动门、辅助扶手等都需要纳入相关规定的范围。相关规定应及时跟上这些技术的进步，更新设计标准和规范，以确保无障碍设施的有效性和安全性。

（4）技术标准的规范化。新技术的应用带来新的标准化要求，相关规定需要对这些技术进行规范化，确保其在适老化设计中的应用不会带来安全隐患。这包括技术性能标准、质量控制要求、维修和服务规范等。相关规定应通过标准化措施，确保新技术在实际应用中的可靠性和安全性。

第四章

适老化设计的实践应用

第一节　社区养老的适老化设计

一、社区环境的功能需求

社区环境的适老化设计目标是创造一个能够满足老年人安全、舒适和便利需求的生活环境，提高他们的生活质量和促进其社会参与。

（一）无障碍设施

无障碍设施的设计在社区环境的适老化设计中扮演着至关重要的角色。其设计不仅涉及空间的布局，还包括材料选择和细节设计。

1．无障碍通道

无障碍通道的设计应遵循国家和地方的无障碍设计规范，保证所有使用者，特别是轮椅和助行器的使用者，能够自由通行。通道应足够宽，通常不应少于1.5米，以避免双向通过时出现拥堵。地面材料的选择要注重耐磨和防滑，使用的材料应能够承受长时间的使用压力和气候变化带来的影响。地面应无明显的障碍物，如电缆或步道边缘的突起，以防止摔倒和绊倒。

2．坡道

坡道的坡度设计是影响轮椅使用者和行动不便人士通行的关键因素。设计时，坡度比例应控制在 1∶12 到 1∶20，以确保使用者上下坡道时的安全和便捷。坡道的表面应选择防滑材料，减少雨雪天气带来的滑倒风险。坡道的两侧应设置牢固的扶手，以帮助使用者保持平衡。扶手的高度应符合人体工程学原理，通常设在 0.8 米至 1.0 米，并应与坡道的宽度相匹配，确保用户在使用时能够便捷、适时地握住。

3．扶手

扶手在楼梯、坡道和长走道等关键位置的设置至关重要。扶手的设计应考虑到使用者的手部力量和握持能力，扶手的直径通常为 3.5 厘米至 5 厘米，以适应各种手型。扶手的材料应具有良好的防滑性和耐用性，同时应防止锐利边缘对用户造成伤害。

（二）安全防护措施

社区环境的安全设计是防止意外事故和保护老年人健康的基础。

1．防滑地面

地面材料的选择对老年人的安全至关重要。应选用高摩擦系数的防滑材料，如粗糙的陶瓷砖或带有防滑纹路的塑料地板。在容易湿滑的区域，如建筑物入口、洗手间和厨房，地面的防滑性能应格外重视。应定期清洁和维护地面，确保污垢和积水不会降低防滑效果。同时，应定期检查地面是否有裂缝或破损，及时修复，以避免摔倒风险。

2．照明系统

照明系统的设计应确保社区环境的每个角落都有足够的光线。特别是在楼梯、坡道和走廊等重要区域，照明应充分且均匀分布。可以使用感应灯在夜间自动点亮，确保夜间活动的安全。灯具的安装位置应选择在能够有效照亮路径和重要设施的地方，避免因灯光不足而造成安全隐患。灯具应选用高效节能的 LED 灯，以减少维护频率和能耗。

3．指示标志

清晰的指示标志对老年人的导航和安全至关重要。指示标志应使用高对比度的颜色和易于识别的图形符号，以帮助老年人快速找到所需的设施和紧急出

口。标志的尺寸和字体应足够大，以确保视力不佳的老年人也能清晰读取。标志的安装位置应选择在显眼且易于观察的地方，确保老年人在步行过程中能够轻松看到。

4．护栏

护栏的设计应符合国际和国内的安全标准。护栏的高度应在 0.9 米至 1.0 米，以防止老年人从楼梯或坡道上摔落。护栏的材质应选择坚固耐用的材料，并且表面应光滑无锐利边缘。栏柱的间距应小于 15 厘米，以防止老年人的身体部位或物品从护栏间隙中滑出。应定期检查和维护护栏，确保其牢固和安全。

（三）休闲与社交空间

社区内的休闲与社交空间设计对老年人的生活质量具有重要影响。这些空间不仅给老年人提供了身体上的舒适，还促进了他们的社交互动和心理健康。

1．无障碍休闲区域

无障碍休闲区域的设计应注重舒适性和功能性。座椅应选择符合老年人身体需求的设计，通常需要配备舒适的靠背和扶手，以帮助老年人坐下和站起。座椅的高度应与地面高度相匹配，确保老年人能够方便地进出。设计中还应包括适当的桌子和遮阳设施，以提供舒适的户外环境。桌子应设置在方便老年人活动的位置，确保有足够的空间供轮椅或助行器通过。

2．社交互动设施

为了促进老年人的社交互动，社区应设有多种社交活动设施，如棋牌室、书画室和手工艺区。这些设施应设计为舒适和功能齐全的空间，以激发老年人的兴趣和参与感。社区活动中心可以定期组织文化、娱乐和教育活动，为老年人提供丰富的社交机会。设计中应考虑到社交区域的布局和功能性，以促进老年人之间的互动和交流。

3．环境维护和绿化

休闲与社交空间的环境维护和绿化对老年人的生活质量有直接影响。绿化植物的选择应考虑到易于打理和耐受环境变化的特点。应定期修剪和清理绿化植物，保持环境的美观和舒适。公共设施应定期检查和维护，确保其功能正常，及时修复损坏的设施。此外，社区内的步道和休闲区域应保持清洁，防止垃圾和杂物影响老年人的活动与健康。

二、社区空间的适老化改造

社区空间的适老化改造是提高社区环境对老年人适应性的关键措施。其改造不仅要关注功能性的提升，还应包括舒适度和美观性的改善。

（一）改造设计的评估

在实施社区空间适老化改造前，必须对现有社区环境进行全面评估。这一过程旨在确定社区内存在的问题及老年人的具体需求，从而为改造设计提供依据。其评估可以分为以下几个步骤。

1. 建筑物结构分析

要对社区建筑物的结构进行详细分析，包括检查建筑物的门的宽度、走廊的宽度、电梯的设置等。这些结构特征将直接影响老年人的行动便利性。例如，门的宽度必须足够，以确保轮椅和助行器顺利通行。如果现有门宽不足，可能需要对门框进行扩建或改造。走廊的宽度也应考虑到老年人使用轮椅和助行器时的通行需求，确保走廊宽度足以容纳轮椅和助行器的转弯和通行。此外，电梯的设计应符合无障碍标准，包括按钮的高度、标识的清晰度以及应急呼叫装置的设置。

2. 无障碍设施现状评估

要对社区现有的无障碍设施进行全面检查。这些设施包括无障碍卫生间、坡道、扶手等。评估内容应涵盖设施的功能性、维护状态和适用性。例如，现有的无障碍卫生间可能需要调整布局，包括增加扶手、无障碍洗手盆和紧急呼叫装置。坡道的坡度和宽度是否符合标准也是评估的重点，要确保坡道既不陡峭，又能满足轮椅使用者的需求。同时，检查现有的座椅区和休息区域的舒适性与使用便捷性，确定是否需要增加更多的座椅或改进现有的座椅设计。

3. 老年人需求调查

了解老年人的具体需求和偏好是适老化改造的重要依据。可以通过问卷调查、访谈和观察等方法，收集老年人在日常生活中的实际需求和期望。例如，许多老年人可能希望社区内增加更多的社交和活动空间，以便与邻里互动，参加社区活动。需求调查可以揭示老年人对社区环境中各类设施的期望，如更宽敞的走廊、更高的座椅背部支持、更容易进入的公共区域等。这些信息将帮助设计人员制订更符合老年人需求的改造方案。

（二）设施的更新与优化

根据评估结果，进行设施的更新与优化是适老化改造的重要步骤。设施的更新与优化不仅要关注功能性的提升，还应包括舒适性和便利性的改善。

1. 无障碍设施更新

无障碍设施的更新是适老化改造的重点之一。自动门的安装可以显著提高老年人的进出便利性。自动门应具备足够的感应范围和开关速度，确保门在老年人经过时能迅速打开。无障碍卫生间的设计需要包括更多的安全装置，如扶手、无障碍洗手盆和紧急呼叫装置。这些装置应放置在老年人使用时最便捷的位置，以提供必要的支持和安全保障。除此之外，无障碍设施的更新还包括调整坡道的坡度，确保其符合无障碍标准，使轮椅和助行器的使用者更加方便。

2. 公共区域改造

改造社区的公共区域是提升老年人生活质量的重要措施。公共区域应包括舒适的座椅和休息区，这些座椅的设计应适合老年人的需求，通常配有靠背和扶手，以便老年人容易坐下和起身。休息区的布置应考虑到老年人的活动习惯，设置在社区内容易到达的位置，并提供遮阳和避雨的设施。标识和指示牌的设置也应考虑老年人的视力和理解能力，清晰的标识可以帮助老年人快速找到所需的设施和路径。

3. 交通设施优化

社区内部的交通设施也需进行优化。坡道的设计应符合无障碍标准，包括合理的坡度和宽度，以便轮椅和助行器使用者能够顺利通行。无障碍停车位应靠近主要入口，并且标识清晰，以确保老年人和残障人士能够方便使用。增加社区内的导向标识和警示标志也有助于老年人的出行安全，特别是在夜间或光线不足的环境下。

（三）环境美化

环境美化在适老化改造中同样重要。优美的居住环境不仅提升了社区的视觉吸引力，还增加了老年人的居住舒适度和心理满意度。美化措施包括以下几个方面。

1. 绿化植物种植

做好社区绿化不仅能美化环境，还能提供宜人的自然景观。应选择适合本地区气候的植物，以确保植物的生长良好且维护成本较低。设置种植位置时应考虑到老年人的行动便利性，避免设置过于密集的植被，以免影响视线或阻碍行动。植物的高度和形状应具有层次感，以丰富社区的景观效果。应定期维护植物，确保其健康生长，并清理枯萎或被损坏的植物，保持社区环境的整洁和美观。

2. 景观设计

社区内的景观设计主要包括喷泉、花坛、步道等元素，以提升社区的整体视觉效果。喷泉和花坛的设计应注重与周围环境的和谐，选择色彩和风格相适应的装饰元素。步道的设计应考虑到老年人的步行需求，使用平整且防滑的地面材料，避免高低不平的地面。景观设计还应包括舒适的座椅区，供老年人在散步时休息。步道和座椅区的布局应便于老年人使用，并且符合无障碍设计标准。

3. 环境维护

环境美化的持续性依赖于定期的维护工作。社区管理部门应制订详细的环境维护计划，包括绿化植物的浇水、修剪、清理以及景观设施的检查和修复。维护工作应定期进行，以确保社区环境始终保持良好的状态。应定期清理公共区域的垃圾，修复损坏的设施，保持环境的清洁和整洁，以提供一个舒适的生活空间。

三、社区活动空间的适老化设计要求

社区活动空间对于老年人的生活质量至关重要。设计良好的活动空间不仅能够提升老年人的生活舒适度，还能增强他们的社会参与感和心理健康。为了达到这些目标，社区活动空间的设计需要满足以下几项要求。

（一）活动空间的多功能性

活动空间的多功能性要求设计应具备高度的灵活性，以适应各种活动形式和需求。

1. 灵活的空间布局

设计时应考虑到空间布局的灵活性，使其能够支持各种活动形式。为满足这一要求，可以采用模块化设计，如使用可移动的隔断墙、折叠式桌椅等。这种设计不仅可以在活动前后迅速调整空间配置，还能根据活动的规模和类型进行优化。例如，在开展大型社区活动时，可以将隔断墙移除，形成一个开放的多功能区域；而在小型的活动中，则可以使用隔断墙将空间划分为多个小区域。

2. 功能区域的多样化

应在活动空间中设置专门的功能区域，以支持不同类型的活动。设计时可以将空间分为静态和动态区域，如设置安静的阅读区、舒适的休息区以及活跃的运动区。功能区域的设计需要考虑到活动的多样性和频率，以确保每个区域都能够满足特定的使用需求。例如，运动区应配备适合运动的地面材料和器材，而文化活动区应提供适当的展示和创作空间。

3. 配备适应不同活动的设备和设施

活动空间应配备与不同活动类型相适应的设备和设施。为了支持健身活动，运动区应配置（如跑步机、瑜伽垫等）运动器材；文化活动区应配备画架、音响设备等；社交互动区域则需要设置舒适的座椅和桌子。设备和设施的配置应根据活动的具体要求进行调整，以确保能够满足老年人的使用需求，并且在活动进行过程中保持高效的操作体验。

（二）活动空间的舒适性与安全性

舒适性和安全性是设计活动空间时的核心考虑因素。

1. 优化通风与采光

活动空间应具备良好的自然采光和通风。设计时需要考虑到窗户的位置和大小，确保充足的自然光进入室内，同时避免阳光直射导致的不适。通风系统应能够有效排除室内的污浊空气，并保持空气的新鲜。设计时应考虑到季节变化对通风的影响，如在冬季可以使用可调节的窗户和空气流通装置，以维持室内舒适的空气质量。

2. 舒适的温度控制

温度控制系统应能够根据季节和空间的使用情况进行调整。设计时应选择高效的空调和暖气系统，以确保室内温度保持在舒适的范围内。温度调节设备应具备用户友好的操作界面，使老年人能够方便、快捷地调整温度。此外，还应考虑到温度控制设备的噪声问题，选择低噪声设备以避免对活动的干扰。

3. 人体工程学设计

座椅和地面的设计应符合人体工程学原理，以提供舒适的使用体验。座椅的高度、深度以及坐垫的柔软度应根据老年人的身体特点进行调整，以保证坐下和起身的便利性。地面材料的选择应考虑到防滑和舒适性，采用防滑地砖或软质地毯，以降低老年人滑倒的风险。同时，设计时应避免地面上的突出物或障碍物，以减少绊倒的可能性。

4. 安全防护措施

活动空间的设计应包括多种安全防护措施，如安装防滑地板、坚固的扶手和清晰的标识；楼梯、坡道和浴室等关键区域应配备合适的护栏与防滑材料；照明系统应足够明亮，以确保在夜间或光线不足时的可见性；标识应简洁明了。

（三）活动空间的完备性与便利性

活动空间的完备性和便利性主要体现在设备和设施的配置上。设计时需要考虑以下几个方面。

1. 音响系统

活动空间的设计中应考虑到音响系统的配置，以满足各种活动需求。高质量的音响系统可以提升活动的效果，使参与者能够清晰听到讲座、音乐或其他音频内容。音响设备的选择应根据空间的大小和音频需求进行调整，选择具备均匀覆盖和高保真设备。此外，音响系统应具有简单易用的操作界面，以便老年人能够方便地调整音量和选择音频源。

2. 投影设备

在活动空间中安装投影设备可以增强视觉展示的效果。投影设备应具备高分辨率和适当的亮度，以确保图像清晰可见。投影设备的位置应根据空间布局进行合理布置，确保所有参与者都能够清晰看到投影内容。投影设备的操作应简单直观，便于老年人快速上手。

3. 辅助工具和家具

活动空间的辅助工具和家具应根据活动类型与使用需求进行配置。设计时需提供适合老年人的辅助工具，如支持活动的运动器材、创作工具和社交互动设施。家具的选择应符合舒适性和安全性标准，如选择具有舒适坐垫的座椅、易于清洁的桌子以及稳固的储物柜。家具的布置应合理，以确保活动空间的流动性和功能性。

4. 可移动的家具和设备

为了适应不同活动的需求，设计中应考虑到家具和设备的可移动性。可移动的桌椅、分隔墙和储物柜可以根据活动类型进行重新配置，提高空间的利用效率和灵活性。家具和设备的设计应便于老年人操作，如采用轻便的材料和易于搬动的设计，以减少搬动过程中可能遇到的困难。

第二节　机构养老的发展模式和适老化设计

一、机构养老的发展模式

养老机构能为老年人提供专业的照护服务，相应的机构养老也已发展出不同的模式，每种模式可以根据老年人的需求和生活方式提供不同的支持。以下是几种主要的机构养老类型及对其特点的深入分析。

（一）养老院

养老院是一种长期照护机构，能为老年人提供全面的生活支持和医疗服务。其主要特点包括以下几个方面。

1. 全方位的照护服务

养老院内的护理人员能为老年人提供24小时的照护服务，确保老年人的日常生活得到悉心照料。护理人员不仅负责老年人的个人卫生、用药管理，还提供心理支持和情感关怀。护理服务通常依据个体需求制订个性化的护理计划，如有特殊健康问题的老年人可能需要更密集的护理和监控。

2. 配备基础的医疗设施

养老院一般配备基础医疗设施，并与外部医院或医疗中心建立紧密合作关系。这些机构能够为老年人提供常规健康检查、慢性病管理和急救服务。部分高级养老院还设有内部医疗团队，包括医生、护士和康复治疗师，以提供更加全面、专业的医疗支持。

3. 较完善的餐饮与营养管理

养老院的餐饮服务不仅提供三餐，还包括加餐和营养补充。饮食设计考虑到老年人的健康需求，如低盐、低糖、高纤维饮食等。餐饮团队会根据老年人的健康状况和饮食偏好制定菜单，以确保营养均衡和美味可口。

4. 设有娱乐设施与社交活动

为了促进老年人的社交互动和心理健康，养老院内通常设有多种娱乐设施，如图书室、棋牌室、手工艺区等。此外，养老院会定期组织文化活动、生日庆祝和节日活动，以增强老年人的社交联系和生活乐趣。

5. 安全舒适的环境设计

养老院的环境设计以老年人的安全和舒适为核心，通常配备无障碍设施、宽敞的走廊、防滑地面以及清晰的标识。室内装饰和家具的选择也强调舒适性和易用性，如安装扶手、选择柔软的地毯、配置适合的家具等。

（二）托老所

托老所是一种日间照料服务机构，能为老年人提供灵活的日间照料服务。其主要特点包括以下几个方面。

1. 灵活的服务时间

托老所的服务通常集中在白天，适合那些白天需要照料但晚上希望返家的老年人。托老所的服务时间可以根据老年人的具体需求进行调整，提供灵活的照料选项，以适应家庭的日常安排。

2. 丰富的活动安排

托老所提供的服务包括基本的个人护理、健康监测和社交活动。个人护理服务涵盖日常生活中的各种需求，如协助进食、洗漱、服药等。托老所还会组织丰富的日间活动，如游戏、手工艺品制作、讲座等，以激发老年人的兴趣和参与感。

3. 为家庭提供支持

托老所为家庭提供了重要支持，尤其是对于那些需要在工作或其他事务中寻求帮助的家庭成员。家庭成员可以将老年人送到托老所，确保他们在白天得到专业的照料，同时也能在晚上回到家中享受亲情陪伴。

4. 提供定制化服务

托老所的服务具有较高的灵活性和针对性，可以根据老年人的健康状况和个人需求进行调整。例如，对于需要特别护理的老年人，托老所可以提供定制化的照护服务和健康管理计划，以满足不同的需求。

5. 与社区建立联系

托老所通常与社区内的其他资源和服务机构建立联系，如医疗机构、社会服务组织等。这种联系可以确保老年人在需要时能够获得全方位的支持和帮助，如医疗服务、社会支持等。

（三）老年公寓

老年公寓为老年人提供独立居住空间，并配备基础服务和社区支持。其主要特点包括以下几个方面。

1. 独立的居住空间

老年公寓的设计旨在为老年人提供独立和自主的生活空间，每个单元通常包括卧室、客厅、厨房和卫生间等设施。独立居住空间允许老年人自主决定生活方式，同时享有个人隐私和舒适的居住环境。

2. 基础的服务和支持

虽然老年公寓的核心是为老年人提供独立居住空间，但也会提供一些基础的服务和支持，如紧急呼叫系统、定期健康检查、社区活动等。紧急呼叫系统能够在老年人遇到紧急情况时提供即时帮助，而定期的健康检查有助于监测老年人的健康状况并进行预防性干预。

3. 丰富的社区设施

老年公寓通常配备多种社区设施，如健身房、活动室、花园等，以支持老年人的社交和身体活动。社区活动的组织包括兴趣小组、讲座、社交聚会等，旨在促进老年人的社交互动和生活乐趣。

4. 舒适的居住环境

老年公寓的设计强调居住环境的舒适性和便利性。建筑设计考虑到老年人的行动能力和视力状况，设置无障碍通道、宽敞的走廊、清晰的标识和防滑地面等。居住单元的内部设计注重舒适性，如提供适合的家具、易于操作的家电设备等。

5. 提供社区支持

老年公寓的居住者能够在独立生活的同时享受社区支持。社区支持包括组织各种活动、提供社会互动机会和提供紧急援助。这种支持既能提升老年人的生活质量，又能确保他们在需要时能够获得帮助和照顾。

二、不同模式的适老化设计要求

适老化设计在不同的机构养老模式中扮演着至关重要的角色。根据养老院、托老所和老年公寓的不同特点与服务需求，不同模式的适老化设计要求也有所不同。

（一）养老院的适老化设计要求

养老院作为为老年人提供长期照护的机构，其适老化设计涉及多个方面，以确保老年人的生活质量和安全性。

1. 无障碍设计

养老院的无障碍设计要求是基础性的。所有通道应宽敞，至少满足老年人及轮椅使用者的通过要求；楼梯和坡道应配备扶手，扶手高度应根据使用者的习惯进行调整；地面材料应选择防滑、易于清洁的材料，如环氧树脂地坪或防滑地砖，以防滑倒；浴室和卫生间需要安装无障碍设施，如无障碍坐便器、扶手和低门槛设计，以利于老年人自如使用。

2. 安全性设计

养老院的安全性设计不仅要关注物理安全，还需考虑心理安全。防滑地面设计要覆盖所有可能的滑倒区域，包括浴室、厨房和走廊。室内照明应做到全覆盖，特别是在走廊和楼梯处需要增加照明，以减少暗影和视觉障碍。对于火灾安全，养老院应配备烟雾报警器和喷淋系统，并制订紧急疏散计划。应急照明和标识系统需要清晰可见，以引导老年人在紧急情况下迅速撤离。养老院应配备可调节高度的床铺和椅子，以适应不同老年人的身体需求，并设置能够调节房间温度的空调系统，以提供舒适的居住环境。

3. 医疗设施配置

医疗设施的配置应与养老院的照护需求相匹配。除了基本的医务室以外，养老院还应设置药房，以便合理存储和管理药物。医疗设施应包括急救设备，如心电图机、氧气瓶和自动体外除颤仪（AED），并配备能够进行基础护理和急救的医护人员。老年人的健康记录应定期更新，并且需要有专人负责健康数据的管理和分析，以便及时发现和处理健康问题。医疗设施的设计还应考虑到老年人的心理需求，如设置休闲区和咨询室，以提供精神慰藉和心理支持。

4. 社交活动空间设计

养老院应设计社交活动空间，鼓励老年人参与社区活动，并满足其社交和娱乐需求。社交活动空间应包括图书馆、手工艺室、音乐室和游戏室等，以支持老年人多样化的兴趣爱好。空间设计应确保活动区的声音和光线环境适宜，以避免噪声干扰和视觉疲劳。活动区域应考虑到老年人的身体条件，设置舒适的座椅和易于操作的设备，并提供必要的辅助工具，如助听器和放大镜。此外，养老院还应定期组织各种文化和娱乐活动，如音乐会、电影放映和节日庆祝，以提高老年人的生活质量和社会参与感。

（二）托老所的适老化设计要求

托老所主要提供日间照料服务，其适老化设计应重点关注灵活性和便捷性。

1. 灵活的活动空间

托老所的活动空间设计应具备较高的灵活性，以支持多种日间活动。这些空间应配备可调节的活动区域，如可移动的隔断和多功能家具，以便快速调整空间布局。设计应考虑到老年人的兴趣和需求，设置健身区、手工艺区、游戏区和休闲区等，并确保每个区域都有足够的空间，以防止拥挤。活动区域的地面材料应选择耐磨、防滑材料，以适应高频次的使用，并减少老年人摔倒的风险。

2. 适合老年人使用的设施

托老所的设施设计需要符合老年人的使用习惯和需求。座椅应选择舒适且符合人体工学的设计，座椅的高度应允许老年人容易起身和坐下。餐饮区域应设置适合老年人使用的桌椅，并提供方便使用的餐具和辅助工具，如适合抓握的杯子和餐具。卫生间和洗手间应设置无障碍设施，并配备辅助设备，如扶手、低门槛设计和无障碍坐便器。此外，托老所应配备必要的医疗急救设备，如急救箱和急救药品，并确保有经过培训的工作人员能够进行急救处理。

3. 便捷的交通和无障碍通道

托老所的交通设计应确保老年人能够方便、安全地在不同区域之间移动。设计应包括宽敞的走道和无障碍坡道，以便老年人及其辅助设备能够顺畅通行。交通流线应避免复杂的转角和障碍物，以减少老年人在移动时的困难。标识系统应设置明显、易于理解的指示牌，以引导老年人正确找到各个区域。公共区域的布局应便于交通流动，如设置多条通道和回转区域，以提高空间的利用率和流动性。

4. 舒适的休闲区

托老所的休闲区应提供舒适和放松的环境。设计时应考虑到老年人的舒适性需求，如设置软垫座椅、温暖的照明和良好的通风系统。休闲区应包括花园或户外区域，以便老年人能够充分接触自然，享受户外活动。设计时还应注重隐私保护，为老年人提供安静、放松的空间。在休闲区内可以设置一些轻便的娱乐设施，如阅读架、音乐播放设备和桌上游戏，以丰富老年人的休闲活动。

（三）老年公寓的适老化设计要求

老年公寓旨在为老年人提供独立且舒适的生活空间，其适老化设计应注重以下几个方面。

1. 独立且易于维护的生活空间

老年公寓的设计应提供独立的生活单元，每个单元应包括卧室、客厅、厨房和卫生间等功能区。设计时应考虑到老年人的行动能力和舒适性需求，设置宽敞且易于维护的生活空间。

2. 适合老年人使用的家居设备

老年公寓的家居设备应专门为老年人设计，确保其安全性和便捷性。家居设备应包括适合老年人使用的紧急呼叫系统和智能家居系统，如自动调节的照明、智能温控和语音助手。这些设备应易于操作，界面简洁明了。公寓的电气系统应设计为防电击模式，并配备过载保护装置，以确保用电安全。厨房设备应设置在适宜的高度，以减少弯腰和伸手的动作，并配备防滑的地面材料，以防止滑倒。

3. 舒适的社交环境和活动空间

老年公寓的公共区域应设计为舒适的社交环境和活动空间，以促进老年人的社交活动和心理健康。公共区域应包括活动室、健身房和花园等，以支持社交和休闲活动。设计时应注重舒适性，如设置舒适的座椅、良好的室内空气质量和适宜的温度控制。活动空间应考虑到老年人的兴趣爱好，提供多样化的娱乐设施，如阅读角、手工艺区和多功能活动室。此外，老年公寓应定期组织各种社交活动，如聚会、讲座和兴趣小组，以鼓励老年人的社交互动和社区参与。

4. 易于维护和管理的整体环境

老年公寓的整体环境设计应考虑到易于维护和管理，以确保环境的整洁和设备的正常运行。设计时应选择耐用且易于清洁的材料，如防污地板和抗菌涂料。公寓的管理系统应包括高效的维修和清洁服务，并配备专业人员定期检查和维护设备。公寓内的管理系统应设置便捷的报修和反馈渠道，以便住户能够及时报告问题并获得帮助。设计还应考虑到节能和环保，如设置节能灯具、低能耗设备和垃圾分类设施，以提高公寓运行的可持续性。

三、养老机构的空间功能布局

养老机构的空间功能布局将会直接影响服务的质量和效率。合理的布局不仅能提升老年人的生活质量，还能提高机构的运营效率。下面是对养老机构空间功能布局的详细分析，涵盖生活区域的分区、无障碍设计的落实及紧急疏散设计三个方面。

（一）生活区域的分区

生活区域的合理分区是确保养老机构高效运作和提升服务质量的关键。不同功能区域的规划不仅要满足老年人的基本需求，还要考虑到不同区域间的功能协调和空间使用效率。

1. 住宿区的设计

住宿区是养老机构中最重要的部分，主要为老年人提供舒适、安全的个人生活空间。住宿区的设计应注重私密性和舒适性，房间内应配置合适的家具，如可调整高度的床铺、舒适的座椅和适宜的储物空间。房间内应设有充足的照明和通风系统，以保证良好的生活环境。此外，房间应配备紧急呼叫系统，以便老年人在需要帮助时能够迅速呼叫工作人员。为了提高居住的舒适度，住宿区还应设置温控系统，以调节室内温度。同时，应考虑到老年人的特殊需求，配备无障碍设计的卫生间和符合人体工学的家具。

2. 医疗区的布局

医疗区是养老机构中至关重要的区域，负责老年人的健康管理和急救服务。

医疗区应包括多个功能区域，如医务室、药房、检查室和治疗室。医务室应配备基础的医疗设备和急救药品，药房应合理存储药物，并设置药品管理系统以确保药品的安全和有效性。检查室和治疗室需要配备先进的医疗设备，并确保环境的无菌和舒适。医疗区应设置专门的办公区域，用于医生和护理人员的工作与记录。其布局应考虑到医疗流程的顺畅性，减少患者和医务人员的移动距离，提高工作效率。

3．活动区的配置

活动区是老年人日常生活的重要组成部分，是满足其社交、娱乐和身体锻炼等需求的场所。活动区应设置多个功能区域，如健身房、游戏室、手工艺室和社交休息区。健身房应配备适合老年人的健身器材，并设置安全的地面材料和防滑设计。游戏室和手工艺室应提供多样化的活动材料与设备，并确保空间的灵活性，以支持不同类型的活动。社交休息区应提供舒适的座椅和良好的照明，营造温馨的社交环境。设计时应考虑到活动区域的通风和采光，以提供一个健康、舒适的活动环境。

4．服务区的功能

服务区包括厨房、餐厅和员工办公区域等，负责提供日常餐饮和行政支持。厨房应设计为功能齐全的空间，配备现代化的烹饪设备和储物设施，并设置良好的通风和排烟系统。餐厅的设计应考虑到老年人的用餐需求，如设置适宜的餐桌和椅子，确保就餐环境的舒适和安全。员工办公区域应提供良好的工作环境，包括办公桌、计算机设备和储物柜，以支持日常的管理和服务工作。服务区的布局应考虑到工作流程的顺畅性，减轻员工的工作负担，提高工作效率。

（二）无障碍设计的落实

无障碍设计是养老机构空间布局中不可或缺的部分，它确保了所有区域对老年人的可达性和安全性。

1．宽敞的走廊

宽敞的走廊是无障碍设计的重要基础。走廊的宽度应至少达到 1.5 米，以确保轮椅、助行器和其他辅助设备的顺畅通行。走廊的地面应选用防滑材料，避免老年人在移动过程中摔倒。走廊的转角应设计为圆弧形，以减少转弯时的空间限制。走廊应配备足够的扶手，扶手的高度应符合老年人的使用习惯。走廊的照明应充分且均匀，避免产生阴影或眩光，以提高老年人的视觉舒适度。

2. 无障碍卫生间

无障碍卫生间设计应满足老年人日常生活的特殊需求。卫生间应选择低门槛设计，以便轮椅和助行器使用者能够顺利进入。卫生间内应安装无障碍坐便器，坐便器的高度应适合老年人的坐立动作，并配备扶手以便老年人起身。洗手池的高度应根据老年人的需求进行调整，以方便洗手和个人卫生。卫生间内应设有足够的空间，便于老年人及其辅助设备的使用，并配备紧急呼叫按钮，以确保老年人在需要帮助时能够迅速获得帮助。卫生间的地面材料应选用防滑材料，并且容易清洁和维护。

3. 适当的扶手与护栏设计

扶手与护栏是无障碍设计中的重要元素，能够帮助老年人在移动和使用设施时保持稳定与安全。扶手与护栏的设计应符合人体工学，设置在适宜的高度，并确保其材质结实、耐用。扶手与护栏应安装在走廊、楼梯、卫生间和浴室等区域，便于老年人支撑。扶手与护栏的设计应避免锋利的边缘，以防止老年人受伤。扶手与护栏的颜色应与墙面形成对比，以提高可视性，并确保老年人在使用时能够准确找到其位置。

（三）紧急疏散设计

紧急疏散设计是保障老年人在紧急情况下安全撤离的重要措施。有效的疏散设计不仅能提高紧急情况下的撤离效率，还能保障老年人的安全。

1. 清晰的指示标识

清晰的指示标识是紧急疏散设计的关键。标识应设置在显眼的位置，并且设计要简单明了，以便老年人能够快速理解和识别。标识的字体应足够大，以适应老年人的视觉需求，颜色应对比强烈，以提高可见性。标识应配备夜光材料，以确保在停电或光线不足的情况下仍能清晰可见。指示标识应包括紧急出口、疏散路线和集结点的标识，以引导老年人迅速找到安全出口。

2. 疏散通道的宽度

疏散通道应足够宽，以容纳大量人员的快速疏散。通道的宽度应根据建筑物的容量和设计要求进行规划，通常应不小于1.2米，以确保轮椅和助行器使用者顺畅通行。疏散通道应设置无障碍设计，避免设置障碍物或狭窄的部分，以免影响撤离速度。通道应配备清晰的标识和良好的照明系统，以便老年人在疏散过程中能够安全行走。楼梯和坡道应设置扶手，并保持通道的畅通，以提高疏散效率。

3. 无障碍设计的落实

无障碍设计在紧急疏散过程中尤为重要。所有的疏散通道和出口应采用无障碍设计，以确保轮椅用户和行动不便的老年人能够顺利撤离。疏散通道应设计平坦的地面并使用防滑材料，避免出现高低差和滑倒风险。紧急疏散的指示系统应与无障碍设计相结合，如设置语音提示和视觉标识，以满足不同老年人的需求。应定期进行紧急疏散演练，并针对老年人的实际情况进行调整，以确保在真正的紧急情况下能够迅速、有效地进行疏散。

第三节　老年宜居环境的适老化设计

一、宜居环境的核心要素

老年宜居环境的适老化设计旨在创建一个全面支持老年人生活质量的空间。为了确保设计的有效性，必须重点关注环境的舒适性、安全性和便利性。这些核心要素不仅直接影响老年人的生活体验，还关乎他们的身体健康和心理幸福感。

（一）舒适性

1. 适宜的温度和湿度

舒适的温度和湿度对老年人的生活至关重要。老年人的体温调节能力通常较差，因此环境的温度应保持在一个恒定且适宜的范围内。研究表明，室内温度维持在20℃至24℃有助于提高老年人的舒适度，同时减少体温过低或过高对健康的影响。在湿度方面，室内湿度维持在40%至60%是理想的范围。这一湿度范围有助于防止皮肤干燥、呼吸道问题以及霉菌生长。设计时应考虑到高效的空调系统和加湿器，以确保温度和湿度的适宜性。空调系统应具备灵活的温控功能，能够根据季节和天气变化自动调节。

2. 噪声控制

噪声是影响舒适性的重要因素，特别是对于老年人来说，过高的噪声水平可能导致听力损失、睡眠质量下降以及心理压力增加。设计时应选择具有良好隔音性能的建筑材料，如隔音玻璃、吸音墙板和地毯。这些材料能够有效地减少外界噪声和室内回声，提高整体的生活舒适性。还应避免在卧室和起居室等需要安静的区域设置可能产生噪声的设施，如洗衣房或厨房。适当的噪声屏障和隔断可以进一步改善空间的安静度，从而有利于提供一个平和的生活环境。

3. 家具和装饰材料的选择

家具的设计应以老年人的舒适性为核心，确保提供足够的支撑和舒适感。座椅应具备适当的高度和深度，使老年人在坐下和起立时能够轻松自如。床铺应具备良好的支撑力，避免过软或过硬的设计，以确保老年人的睡眠质量。装饰材料的选择也应考虑到老年人的需求，如选择柔软且易于清洁的面料，以减少清洁难度。家具边角应设计为圆弧形状，减少碰撞带来的风险。地毯、窗帘和其他装饰品的颜色与质地应营造出温馨的氛围，同时避免使用可能引起过敏或身体不适的材料。

（二）安全性

1. 防滑地面设计

防滑地面设计是老年人居住环境中不可忽视的一个方面。由于老年人身体机能的退化，跌倒的风险大大增加。设计时，应优先选择具有优良防滑性能的地面材料，如防滑地板、低绒地毯等。这些材料能够有效减少滑倒的发生。地面应避免设置过多的地毯边缘和接缝，这些地方容易成为绊倒的隐患。特别是在厨房、浴室等容易湿滑的区域，应使用专门的防滑材料，确保安全。设计中还应包括地面的定期检查和维护计划，以保持地面材料的良好状态。

2. 无障碍设计

无障碍设计是提高老年人生活质量的重要措施，前文对此进行了详细的论述，在此不再赘述。

3. 充足的照明

照明设计对于老年人的安全和舒适性至关重要。随着年龄的增长，老年人的视力逐渐减退，因此需要更多的照明来辅助视物。室内照明应包括主照明、任务照明和环境照明。主照明应均匀分布，避免产生阴影和盲区。任务照明应集中在厨房、书房和浴室等需要细致工作的区域，以提供足够的光线。环境照明应营造舒适的氛围，如在卧室和起居室设置柔和的光源。夜间照明也很重要，特别是在走廊和卫生间，应设置低亮度的夜灯，避免夜间活动时因光线不足而发生跌倒。设计中还应考虑到照明设备的易操作性和维护性，以方便老年人调整和更换灯泡。

4. 紧急呼叫系统

紧急呼叫系统是保障老年人安全的重要设施。设计中应设置多个紧急呼叫装置，覆盖所有关键区域，如卧室、卫生间和起居室。这些装置应易于操作，能够快速连接到工作人员或紧急服务。呼叫系统应具备语音提示和视觉提示功能，以满足不同老年人的需求。紧急呼叫装置的安装高度应考虑到老年人的实际使用情况，确保他们能够方便地触及。系统的设计应包括定期检查和维护，以确保设备的正常运行，并给老年人提供关于如何使用紧急呼叫系统的培训。

（三）便利性

1. 易于操作的家用电器

老年人在使用家用电器时，需要考虑到设备的易操作性。电器的设计应简洁直观，控制面板上的按钮和开关应大而明显，确保老年人能够轻松操作。电器设备应配备清晰的标识和操作说明，避免复杂的操作步骤。考虑到老年人的视力问题，电器应配备大字体显示和语音提示功能。此外，电器的安装位置应符合老年人的使用习惯，确保其能够方便地触及和操作设备。设计中还应包括对电器的维护和清洁方案，选择易于清洁和维护的设备，减轻老年人的负担。

2. 便捷的交通设计

便捷的交通设计是提高老年人生活便利性的关键因素。设计中应确保老年人能够方便地移动，避免烦琐的路径和障碍物。交通设计应包括明确的标识和导向系统，帮助老年人轻松找到目的地。路径应尽可能平坦，避免设置过高的台阶或陡坡。设计中应设置休息区，提供舒适的座椅，以便老年人可以在移动过程中休息。公共区域的布局应考虑到老年人的活动范围和需求，避免设置狭窄的通道和障碍物。设计还应包括对交通通道的定期检查和维护，以确保通道的安全和畅通。

3. 适合老年人使用的家具布局

家具布局在老年宜居环境中发挥着重要作用。设计应以功能性和便利性为核心，确保家具配置合理，满足老年人的生活需求。家具的高度和布局应便于老年人使用，特别是在床铺、座椅和餐桌等常用家具的设计中，应考虑到老年人的身高和活动能力。家具的布置应减少老年人需要弯腰或过度伸展的动作，提供舒适的使用体验。存储空间的设计应考虑到老年人的存取需求，设置易于操作的储物柜和抽屉。布局应避免设置尖锐的边角和可能绊倒的障碍，减少意外伤害的风险。

二、宜居环境适老化设计的策略

在设计老年宜居环境时，采取有效的策略以确保设计的功能性和舒适性是至关重要的。这些策略不仅涉及实际的设计细节，还包括如何通过设计提升老年人的生活质量。下面是对人性化设计、空间优化和环境美学策略的分析与阐释。

（一）人性化设计

1. 设计低位的开关和易于操作的门把手

低位开关和易于操作的门把手设计旨在适应老年人因年龄增长而可能出现

的身体机能下降。例如，开关的高度应设计在与老年人平视的高度，通常在 85 厘米到 90 厘米，这样可以减少他们在操作时的弯腰动作。门把手应设计为符合人体工程学的杠杆形或环形，使得老年人在使用时无须施加过大的力量。为进一步提升设计的实用性，可以考虑引入触摸式开关或语音控制系统，这些高科技解决方案可以减少对传统物理开关的依赖，适应不同老年人的需求。

2. 考虑使用辅助工具

辅助工具的设计不仅关注功能，还应注重舒适性和美观性。扶手和抓握杆应安装在易于触及的位置，如浴室旁边、床边和走廊墙壁上，这样可以为老年人提供必要的支持，减少跌倒的风险。选择这些辅助工具时，应使用柔软的材料包裹扶手，提升抓握的舒适感，同时，设计时应考虑到老年人的不同手部能力，提供多样化的辅助工具选项，如防滑把手和适应不同手型的设计。还可以在设计中融入调节功能，以适应不同的身体条件和使用习惯。

3. 优化家居设备的布局

家居设备的布局优化应基于老年人的实际使用需求，提供无缝衔接的生活体验。例如，厨房设计应将常用的调料架、锅具和餐具放置在易于触及的位置，避免老年人频繁弯腰或伸手取物。厨房的橱柜应设计为抽拉式，方便老年人取放物品，同时配备反应灵敏的感应灯，提供充足的光线。卧室的设计应包括适合老年人的床铺，床头应设置足够的空间以便于上下床。设计时还应考虑到设备的操作简便性，例如，采用一体化控制面板来操作家电设备，避免复杂的按钮操作。整体布局应优先考虑老年人的日常活动流线，减少不必要的移动，降低操作复杂度。

（二）空间优化

1. 合理规划空间布局

空间布局的合理规划不仅关系到生活的便利性，还涉及老年人的心理和身体健康。设计时应考虑到老年人的活动范围和空间需求，例如，卧室和卫生间的布局应保证足够的空间，以方便老年人使用轮椅或助行器。生活区域的功能分区应明确，以支持老年人的日常活动需求，如将厨房和餐厅设置在一起，方便做饭和用餐。设计时还应确保各功能区域之间的过渡顺畅，避免设置高低不平的地面，以减少绊倒的风险。

2. 优化空间的功能分区

空间的功能分区应基于老年人的生活习惯进行优化，确保不同区域能够满足实际需求。空间的功能分区还应考虑到光线和通风问题，如在休息区设置大窗户，确保充足的自然光线和良好的空气流通。通过明确功能分区，可以提升空间的使用效率和舒适度，满足老年人的多样化需求。

3. 确保通道的宽敞和畅通

通道设计应以宽敞和畅通为原则，确保老年人能够顺利移动。设计时还应注意通道的标识和光线，提供清晰的导航指示和足够的照明，以帮助老年人更好地识别和使用通道。通道的地面应采用防滑材料，并定期进行清洁和维护，确保其长期有效性和安全性。确保通道的宽敞和畅通能够大大提升老年人的移动便利性与生活安全性。

（三）环境美学策略

1. 色彩搭配

色彩搭配在环境设计中扮演着至关重要的角色，它能够直接影响到老年人的情绪和舒适感。在色彩的选择上，应偏向使用柔和和温暖的色彩，这些色彩有助于营造一个宁静和放松的环境。例如，墙面和地板可以使用如米色、淡蓝色或浅绿色等浅色调，这些颜色能够使空间显得更开阔，并提供一种舒适的视觉体验。设计时还可以通过色彩的变化来区分不同的功能区域，如在厨房使用温暖的色彩，而在休息区域使用冷静的色调，以帮助老年人更好地适应不同的生活场景。色彩的搭配应注重和谐统一，避免使用高对比度的颜色，以保持空间的整体美感。

2. 景观设计

景观设计不仅提升了环境的美观度，还能够改善老年人的生活质量。设计时应融入自然元素，如绿化带、花园和水景，这些自然景观可以提供视觉上的愉悦感和心理上的放松。室外花园应设置舒适的休闲区域，如长椅和遮阳棚，为老年人提供一个放松和社交的场所。设计时还应考虑到景观的可维护性，选择易于打理的植物，并确保景观设施的长期使用。通过精心设计的景观，可以为老年人创造一个宜人的生活环境，提升他们的生活幸福感和身心健康。

3．装饰细节

装饰细节在环境设计中发挥着重要作用，它能够为居住空间增添温馨和个性。设计时应选择老年人喜好的装饰品，如舒适的窗帘、柔软的地毯和美观的挂画，这些装饰品不仅能够提升空间的美感，还能够增加居住的舒适度。装饰品的选择应考虑到老年人的实际需求，避免使用可能引起过敏或不适的材料。在装饰细节中，还应注重风格的一致性，如选择统一风格的家具和配件，以确保空间的协调和整体美感。通过精细的装饰设计，可以为老年人营造一个温馨、舒适的生活环境，提升居住体验。

三、环境优化对老年人生活质量的影响

环境优化设计对老年人的生活质量具有深远的影响。这种优化不仅能够提升老年人的生活便利性，还能改善并促进他们的心理健康和身体健康。下面对环境优化如何具体影响老年人的生活质量进行分析。

（一）提升生活便利性

1．减少日常生活中的不便

环境优化通过减少老年人日常生活中的不便，能显著提高他们的独立性和自理能力。对于老年人而言，日常生活中的便利性是至关重要的。例如，在厨房设计中，使用适合老年人的高低调节台面可以减少弯腰或过度伸展的需求，降低发生意外的风险。无障碍设计不仅局限于厨房，还包括卧室和浴室。卧室应提供易于操作的家具，如高低可调的床和便于起床的床边扶手；浴室则应配备防滑地砖、扶手以及无障碍淋浴间，这些设计可以有效预防跌倒等意外情况。此外，智能家居技术的应用，如自动化窗帘、智能温控系统等，能够进一步简化老年人的生活操作，提高他们的生活质量。

2. 提升生活独立性和自理能力

通过环境优化设计，老年人的生活独立性和自理能力得到提升。例如，在居住空间中提供可调节高度的家具（如座椅和餐桌）能够方便老年人在不同的体位下使用，减轻其身体负担。厨房和卫生间的设计应符合人体工程学原理，使操作更加便捷。如果老年人能够独立完成烹饪、清洁等任务，可以有效增强其自信心和自主性。此外，环境中的智能技术可以进一步提升老年人的自理能力。例如，智能灯光系统可以通过感应技术自动调节光线强度，以适应老年人的视力变化；智能家电可以通过语音控制或远程操作进行管理，简化老年人的日常操作流程。

3. 便捷的交通和无障碍设计

便捷的交通和无障碍设计对于老年人的生活质量提升至关重要。走廊和门口的宽敞设计能够容纳轮椅和助行器，使老年人能够顺利移动。无障碍通道的设置不仅涉及建筑物内部，还包括与建筑物相关的外部环境，如停车场和入口。这些设计能够确保将老年人在出行过程中遇到的障碍最小化。此外，交通设施的优化，如设置清晰的导向标识和语音提示系统，也能够帮助老年人更好地导航和移动，从而提升他们的外出便利性。

（二）改善心理健康

1. 减少心理压力

舒适和安全的居住环境对于减少老年人的心理压力起着重要作用。通过设计融入自然元素，如室内绿植、自然采光等，可以创造一个宁静和舒适的居住环境。这种环境有助于缓解老年人的焦虑和紧张感，从而提高他们的心理舒适度。设计时应考虑到色彩的运用，选择柔和的色调，避免强烈的对比色，以营造出轻松的氛围。使用高质量的材料和舒适的家具，如软垫沙发和温暖的地毯，也能够增加居住的舒适感，减少心理压力。

2. 提升情绪状态和整体幸福感

优化的居住环境对老年人的情绪状态和整体幸福感具有积极影响。设计时应包括可以带来愉悦感的元素，如艺术装饰、舒适的座椅和景观窗等。这些设计元素不仅提升了居住环境的美学，还能带来心理上的放松和愉悦感。此外，设计时可以设置专门的社交空间，鼓励老年人参与社交活动，从而增加生活的乐趣和满足感。社交活动的增加能够缓解老年人的孤独感，提高他们的幸福感和生活满意度。

3. 营造积极的居住体验

通过细致的设计，可以营造出积极的居住体验，进而改善老年人的心理健康。例如，居住环境中可以融入老年人喜欢的色彩和风格，使空间更加个性化和温馨。此外，设计中可以提供各种娱乐和休闲设施，如读书角、音乐播放设备和手工艺活动区域，以增加老年人的生活乐趣。优化的居住环境还应考虑到老年人的兴趣爱好，通过提供相关的活动设施和空间，帮助他们维持积极的生活态度和情绪状态，从而提升整体幸福感。

（三）促进身体健康

1. 降低意外伤害的风险

环境优化能够有效降低老年人意外伤害的风险。设计时应特别关注防滑地面的使用和防护装置的安装，例如，选择具有良好防滑性能的地砖和设置适当高度的扶手，以减少跌倒的风险。此外，设计时还应包括清晰的标识和良好的照明，以帮助老年人更好地识别和避开潜在的危险区域。紧急呼叫系统的设置也非常重要，能够在老年人遇到突发情况时提供及时的帮助和支持，从而保障他们的安全。

2. 提供必要的身体活动空间

合理的环境设计可以为老年人提供充足的身体活动空间，有助于维持他们的身体健康。设计时应设置专门的运动区域和活动室，提供适合老年人的健身器材和运动设施。此外，户外活动空间的设计也非常重要，如花园和步道可以鼓励老年人进行日常锻炼。设计中应确保活动空间的舒适性和安全性，以支持老年人的身体活动需求，从而提高他们的身体素质和整体健康水平。

3. 提升老年人的生活质量

优化的居住环境不仅提高了老年人的生活便利性和心理舒适度，还对他们的身体健康产生了积极影响。通过综合考虑老年人的需求，如生活便利性、心理健康和身体活动，环境优化可以全面提升他们的生活质量。例如，设计中可以融入高效的空间布局、舒适的家具和安全的设施，这些都能够为老年人创造一个高质量的居住环境。此外，环境优化还应注重老年人的个性化需求，通过提供个性化的设计和服务，进一步提升其生活体验和幸福感。

第四节　智能养老的适老化设计

一、智能技术的应用领域

智能养老设计在提升老年人生活质量方面发挥了重要作用。它涵盖了多个技术应用领域，通过智能技术的应用，可以显著改善老年人的生活体验和安全保障。下面对应用较多的智能家居系统、健康监测设备和紧急呼叫系统三个领域进行分析。

（一）智能家居系统

1. 智能家居系统的基本功能

智能家居系统通过集成各种智能设备，为老年人提供了便捷的生活管理方式。这些系统可以通过语音控制、手机应用或自动化设置来管理家庭中的各种设备。例如，智能照明系统可以根据老年人的活动时间自动调节室内光线强度，以减少视觉疲劳；智能温控系统可以根据室内外温度自动调节温度，以保持舒适的居住环境；智能门锁系统可以通过手机应用进行远程控制，确保居住安全。在实际应用中，智能家居系统的设计应考虑到老年人的实际需求和使用习惯，确保系统的操作简便和响应迅速。

2. 智能家居系统的优势

智能家居系统在提升生活便利性方面具有显著优势。首先，这些系统可以帮助老年人简化生活操作，降低操作难度。例如，老年人可以通过语音命令控制照明系统，避免了复杂的开关操作；通过手机应用进行温度调节，减少了频繁调节温控器的麻烦。其次，智能家居系统提供了更高的生活安全保障。智能门锁系统能够通过远程监控和警报功能提高家庭安全，智能摄像头系统可以实时监控居住环境，并在发生异常情况时立即发出警报。这些功能不仅提升了老年人居住的便利性，还增强了安全保障。

3. 智能家居系统的挑战

尽管智能家居系统在功能上提供了许多便利，但在实际应用中也面临一些挑战。例如，老年人可能对智能设备的操作不够熟悉，因此，系统的界面设计应尽可能简洁、直观，并提供详细的使用说明。此外，智能家居系统的技术支持和维护也需要考虑到老年人的实际需求，提供及时、有效的服务，以确保系统的正常运作。此外，智能家居系统的普及需要考虑到成本问题，设计和生产过程中应尽量降低成本，以便更多的老年人能够受益于智能技术的应用。

（二）健康监测设备

1. 健康监测设备的功能

健康监测设备是智能养老设计的重要组成部分，其主要功能包括实时监测老年人的健康状况和提供预警信息。这些设备通常包括智能手环、健康监测仪器等，能够实时记录和分析老年人的生理数据，如心率、血压、体温等。例如，智能手环可以监测老年人的心率和运动量，并在发现异常时立即发出警报；健康监测仪器可以定期测量老年人的血压和体温，并将数据传输到医疗机构或家人手中，以便及时采取措施。

2. 健康监测设备的优势

健康监测设备提供了持续的健康监控，这对于老年人来说具有重要意义。

首先，实时监测能够及时发现健康问题，提供早期预警。例如，通过智能手环监测到心率异常，可以立即进行进一步检查和处理，减少了健康问题的延误。其次，健康监测设备的使用可以提高老年人的自我管理能力。老年人可以通过设备获取有关自己健康状况的信息，从而更好地了解自身健康状态，并采取相应的措施进行调整。最后，健康监测设备的数据可以与医疗机构进行共享，实现远程医疗服务，提高医疗资源的利用效率。

3. 健康监测设备的挑战

在健康监测设备的应用过程中，可能面临一些挑战。例如，设备的数据准确性和稳定性需要保证，以确保监测结果的可靠性。此外，老年人对健康监测设备的接受程度可能受到限制，因此，设备的设计应考虑到老年人的使用习惯和需求，提供简便易用的操作界面和详细的使用指南。同时，健康监测设备的隐私保护也是一个重要问题，需要确保老年人的健康数据得到妥善保护，防止数据泄露或滥用。

（三）紧急呼叫系统

1. 紧急呼叫系统的功能

紧急呼叫系统在智能养老设计中扮演着重要角色，其主要功能是提供紧急情况下的快速联系和应急响应。紧急呼叫系统通常包括紧急呼叫按钮、警报系统、通信设备等，允许老年人在遇到突发状况时迅速联系护理人员或家人。例如，紧急呼叫按钮可以安装在老年人的床头、卫生间等关键位置，一旦发生意外，老年人可以立即按下按钮，系统会自动发出警报并通知相关人员。此外，现代的紧急呼叫系统还可以与智能家居系统集成，实现更高效的应急响应。

2. 紧急呼叫系统的优势

紧急呼叫系统提供了重要的安全保障，有助于增加老年人在紧急情况下的生存机会。首先，系统能够迅速响应老年人的紧急求助，确保其及时获得帮助。例如，当老年人在家中摔倒时，按下紧急呼叫按钮可以立即通知家人或护理人员，从而迅速采取救助措施。其次，紧急呼叫系统的应用可以降低老年人对外界依赖的程度，增加他们的独立性和自信心。老年人知道自己在遇到问题时能够迅速获得帮助，从而感到更加安全和安心。

3. 紧急呼叫系统的挑战

在紧急呼叫系统的应用中，需要关注设备的可靠性和用户的接受度。例如，系统的硬件和软件需要经过严格测试，以确保在紧急情况下能够正常运作。同时，系统的使用说明应简明、易懂，并提供必要的培训，以帮助老年人正确掌握使用方法。此外，紧急呼叫系统的服务需要不断进行维护和更新，以应对技术发展的变化和用户需求的调整，确保系统的长期有效性和可靠性。

二、智能设备的设计要求

在适老化设计的实践中，智能养老设备的设计要求至关重要。为了确保这些设备能够有效提升老年人的生活质量和安全性，其设计必须充分考虑老年人的特殊需求和使用习惯。

（一）用户友好的界面设计

1. 简化操作界面

老年人可能对复杂的技术操作感到不适，因此智能设备的界面设计应尽可能简洁、直观。设计时应避免烦琐的菜单和过多的操作步骤，优先考虑使用大图标、大字体和简明的语言。此外，设备应提供清晰的操作指南和提示，帮助老年人在使用过程中能够快速找到所需功能，并减少操作错误的发生。

2. 语音控制功能

语音控制是提高智能设备用户友好性的有效途径之一。老年人尤其是在视力下降或手部功能受限的情况下，可能会对传统的触摸操作感到困难。语音控制功能可以通过语音命令来执行操作，从而提供便捷的交互方式。在设计时，需要确保语音识别系统的准确性和响应速度，以提升用户体验。

3. 反馈机制

智能设备应具备有效的反馈机制，让用户能够清楚地了解设备的当前状态和操作结果。例如，当设备执行命令时，系统可以通过语音提示或视觉信号确认操作已成功完成。这种反馈不仅能增强用户的信心，也能减少操作不当带来的困扰。

（二）可靠的功能性和稳定性

1. 高可靠性和稳定性

智能设备在老年人生活中的应用必须具有高度的可靠性和稳定性。设备的故障可能导致老年人面临无法及时求助的风险，因此在设计和制造过程中，必须严格控制质量，确保设备在各种条件下的正常运行。系统的硬件和软件应经过详尽的测试，以保证其在长期使用中的稳定性。

2. 持续的技术支持

为了保障设备的长期有效性，需要提供持续的技术支持和服务。老年人在使用过程中可能遇到问题，需要及时得到帮助。因此，智能设备制造商应建立有效的技术支持渠道，并提供简单易用的故障排除指南和在线客服支持。设备的维护和更新也应定期进行，以适应技术的发展和用户需求的变化。

3. 电池寿命和能源效率

智能设备的电池寿命和能源效率也是设计中的重要考虑因素。长久的电池使用时间能够减少老年人频繁更换电池的麻烦，而高效的能源使用则有助于降低设备的运行成本。在设计时，应选用高性能的电池，并优化设备的能耗，以延长设备的使用周期。

（三）安全性和隐私保护

1. 数据安全

智能设备通常涉及老年人的个人信息和健康数据，因此，设计时需要充分考虑数据安全问题。设备应采用先进的数据加密技术来保护用户信息，防止数据泄露或被恶意篡改。此外，用户应能够轻松管理自己的数据权限，包括查看、删除或限制数据访问的功能。

2．隐私保护

隐私保护是智能设备设计中不可忽视的方面。老年人在使用智能设备时可能会担忧个人信息的安全，因此设计中应考虑隐私保护措施。例如，设备应提供明确的隐私政策，告知用户其数据的使用方式和存储位置。此外，用户应能够自主选择是否启用某些功能，并能够随时更改隐私设置。

3．紧急响应安全设计

在紧急情况下，智能设备应具备快速响应功能。例如，紧急呼叫系统应设计有明显的紧急按钮，且按钮应易于触及和操作。在发生紧急情况时，设备能够迅速发送警报并通知相关人员，确保老年人能够及时得到帮助。紧急响应系统的可靠性和快速性直接关系到老年人的安全，因此在设计过程中需要重点关注。

（四）环境适应性

1．适应不同生活环境

智能设备的设计应考虑到老年人可能生活在各种不同的环境中，如单独居住、住在老年公寓或养老院等。因此，设备应具有良好的适应性，能够根据不同的生活环境进行调整和优化。例如，设备的安装和使用应适应不同的空间布局，提供灵活的配置选项，以满足不同用户的需求。

2．耐用性和抗干扰能力

老年人的居住环境可能面临各种物理挑战，如湿度变化、温度波动等。因此，智能设备应具备良好的耐用性和抗干扰能力。设计时需选择耐用的材料和组件，以确保设备能够在各种环境条件下稳定运行。此外，设备应具备防水、防尘等功能，以提高其在复杂环境中的使用寿命。

3．适应老年人的身体状况

老年人可能存在不同程度的身体功能下降，如视力、听力或运动能力的减退。智能设备应根据这些身体状况进行设计和调整。例如，对于视力下降的用户，设备应提供可调节的音量和振动功能；对于听力障碍的用户，设备可以配备高对比度的显示屏和语音反馈功能，以确保其能够正常使用。

三、智能养老系统的集成与优化

智能养老系统的集成与优化涉及将多种智能技术和设备有效地整合为一个协同工作的平台。下面对智能养老系统集成与优化的主要方面进行探讨，以便全面理解其对提升老年人生活质量的作用。

（一）系统集成

1. 智能家居系统的集成

智能家居系统在智能养老系统中扮演着核心角色。智能家居系统的集成不仅包括照明、温度控制、安全监控等基本功能，还涉及如何将这些功能模块无缝地连接到一个中央控制平台。为了实现这一目标，必须选择支持开放标准和协议的设备，以保证不同品牌和类型的设备在同一网络中进行有效的协作。

在智能家居系统的集成过程中，首先需要确保设备间的互联互通。设备间的兼容性是关键因素，不同设备必须能够通过统一的协议进行通信。如果设备之间使用的协议不同，那么在系统集成时需要确保这些协议之间的有效桥接。为此，可能需要引入中间件或网关设备，以实现不同协议的互操作性。

其次，智能家居系统的集成还应关注数据同步的问题。设备间的数据同步需要实时进行，以避免信息延迟或丢失。例如，当用户通过智能手机控制家庭的照明系统时，系统需要确保这一操作能够立即反映到所有相关设备上。同时，设备的状态信息也应及时更新，以便用户能够实时查看设备的当前状态。这要求系统具备强大的数据处理能力和稳定的网络连接，以支持设备间的数据交换和协调操作。

2. 健康监测设备的集成

健康监测设备是智能养老系统中的另一个重要组成部分。智能手环、血压计、体温计等设备能够实时监测老年人的健康状态。在集成这些设备时，需要确保它们能够将数据传输到中央处理系统，并与其他设备进行数据共享。例如，智能手环可以记录老年人的心率、步数等数据，这些数据需要通过无线方式传输到中央服务器，以便进行分析和存储。

在健康监测设备的集成过程中，数据传输的安全性和隐私保护也是至关重

要的。由于健康数据涉及个人隐私，因此在传输和存储过程中需要采取加密措施，以防止数据被非法访问。此外，系统还需要能够处理来自不同设备的数据，并将其整合成一个统一的健康档案。这不仅有助于跟踪老年人的健康变化，还能够为医务人员提供有价值的信息，以便制订相应的照护计划。

3. 紧急呼叫系统的整合

紧急呼叫系统是确保老年人安全的关键组件。在系统集成时，紧急呼叫设备需要与智能家居系统和健康监测设备进行有效联动。例如，当健康监测设备检测到异常数据时，系统应能够自动触发紧急呼叫装置，并立即通知护理人员或家人。为了实现这一功能，紧急呼叫系统需要具备高优先级的警报机制，确保在紧急情况下能够快速响应。

在紧急呼叫系统的整合中，还需要考虑到设备的可靠性和实时性。系统必须能够在各种情况下保持稳定的工作状态，并确保警报能够迅速传达给相关人员。此外，为了提升紧急呼叫系统的响应速度，系统可以设置多种警报方式，如声音报警、短信通知和自动拨打电话等，以确保在各种情况下都能及时提供帮助。

4. 兼容性与数据同步

系统集成中的兼容性和数据同步问题需要特别关注。为了确保不同设备能够协同工作，必须选择能够兼容不同操作系统和平台的设备。如果设备使用的是不同的操作系统，那么在系统集成时需要确保这些操作系统之间的有效协作。为此，可能需要使用跨平台的中间件或服务，以实现不同平台之间的数据交换和功能整合。

数据同步机制的设计也至关重要。系统需要确保设备之间的数据能够实时更新，以避免信息延迟或丢失。为了实现这一目标，系统可以采用实时数据传输技术，以保证数据的及时更新。此外，系统还需要具备强大的数据处理能力，以处理大量的数据并进行实时分析和反馈。

（二）用户体验优化

1. 简化操作流程

优化用户体验的关键在于简化操作流程。智能养老系统的操作界面应设计得尽可能直观，以降低老年人在使用过程中的复杂度。例如，可以通过设计直观的图形用户界面来简化操作，提供一键式控制和语音指令功能，以便用户能够轻松访问和控制各种设备。

在操作流程的简化过程中，需要考虑到老年人的实际需求和操作习惯。操作界面应具备大字体、清晰图标和简洁的菜单结构，以便老年人能够快速找到所需功能。此外，系统还应提供详细的操作指导和帮助信息，以便用户在遇到问题时能够获得及时的支持。

2．提高系统的响应速度和准确性

系统的响应速度和准确性会直接影响用户的使用体验。为了提高系统的响应速度，首先需要优化系统的后台处理能力，减少数据处理和传输的延迟。例如，可以通过优化代码、升级硬件配置和使用高效的数据处理算法来提升系统的处理能力。此外，系统应具备良好的网络连接，以支持设备间的数据传输和同步。

在准确性方面，系统需要进行充分的测试，以确保设备能够准确执行用户的指令，并提供正确的数据反馈。系统还应具备错误检测和纠正功能，以及时解决可能出现的问题。例如，当用户输入的指令无效时，系统应能够提供明确的错误提示，并指导用户进行正确的操作。

3．个性化设置选项

个性化设置是提升用户体验的重要因素。智能养老系统应提供多种设置选项，以满足不同老年人的个性化需求。例如，用户可以根据个人偏好调整设备的显示模式、声音提示和通知方式。系统应能够记录用户的使用习惯，并根据习惯自动调整设备设置，从而提供更加贴合用户需求的服务。

为了实现个性化设置，系统可以提供灵活的设置选项和自定义功能。例如，用户可以根据自己的喜好选择不同的界面主题、调整字体大小和颜色、设置不同的音量和振动模式。此外，系统还可以根据用户的健康数据和生活习惯，自动推荐适合的设置和功能，以提高系统的整体使用效率和舒适度。

（三）数据分析与反馈

1. 收集与分析数据

智能设备能够收集大量关于老年人生活习惯和健康状态的数据。系统应具备强大的数据分析能力，将收集的数据进行整理和分析。数据分析不仅可以帮助了解老年人的健康状况，还可以识别潜在的健康问题，并提供有针对性的建议。

在数据收集和分析过程中，系统需要处理来自不同设备的数据，并将其整合成一个统一的健康档案。例如，智能手环可以记录老年人的步数和心率数据，而健康监测设备可以提供血压和体温数据。这些数据需要通过数据分析算法进行处理，以评估老年人的整体健康状况，并识别潜在的健康风险。

2. 调整和优化养老服务

基于数据分析的结果，可以对养老服务进行调整和优化。系统可以根据老年人的健康数据和生活习惯，调整健康监测的频率和照护措施。例如，如果系统发现某一老年人的睡眠质量不佳，可以调整相关设备的设置，如改善室内温度控制或增加夜间照明。此外，系统还可以根据数据分析的结果，优化照护计划，以满足老年人的个性化需求。

数据分析还可以帮助评估养老服务的效果。例如，通过分析老年人的健康数据和生活满意度，系统可以评估照护服务的质量，并提出改进建议。养老服务提供者可以根据这些建议进行调整，以提高服务的整体效果和用户的满意度。

3. 持续反馈与改进

智能养老系统应具备持续反馈的机制。用户和护理人员可以通过系统提供的反馈渠道报告使用中的问题或提出改进建议。这些反馈信息将用于进一步优化系统的功能和性能。系统的开发团队需要定期更新和维护软件，以修复已知问题并引入新的功能，确保系统能够持续满足用户的需求。

为了提高系统的持续改进能力，开发团队可以定期进行用户调研和满意度调查。通过收集用户的反馈和建议，开发团队可以了解用户的实际需求，并据此进行系统的优化和升级。此外，系统还可以引入智能学习算法，根据用户的反馈和使用数据自动调整系统设置，以不断提高系统的性能和用户体验。

4. 个性化报告与建议

系统应根据分析结果生成个性化的健康报告和建议。这些报告可以定期提供给老年人及其家属，以帮助他们了解老年人的健康状况和生活质量。个性化建议不仅包括健康管理的指导，还可能涉及生活习惯的调整和心理支持措施，以提升老年人的整体幸福感。

个性化报告应包括详细的健康数据分析和趋势预测，如心率、血压、睡眠质量等方面的变化。系统可以根据这些数据生成易于理解的图表和图形，以便用户能够直观地查看健康状况的变化。此外，系统还可以提供个性化的健康建议，如调整饮食、增加锻炼或进行定期体检等，以帮助用户改善健康状况。

第五节　家用电器的适老化设计

一、家用电器的基本功能需求

家用电器的适老化设计是提升老年人生活质量的重要环节。针对老年人特有的生理和认知特征，家用电器的设计需要充分考虑其基本功能需求，包括易操作性、可视性和听觉提示以及安全功能。下面将对这些方面进行相应的分析和阐释。

（一）易操作性

1. 简化操作界面

对于老年人来说，家用电器的操作界面设计至关重要。操作界面的简化设计不仅能提高使用的便捷性，还能减少老年人在使用过程中因操作复杂而产生的困扰。简化操作界面的设计应从以下几个方面入手。

（1）界面应尽可能简洁。减少功能按钮的数量，降低复杂度，使每个按钮的功能明确且易于理解。复杂的功能应通过简化的操作流程来实现，而不是将所有功能都直接展示在操作界面上。设计时可以考虑将频繁使用的功能放在显著位置，而将不常用的功能隐藏在附加菜单中。

（2）按钮的设计应考虑到老年人的手部动作能力。大按钮不仅容易操作，还能避免误触。按钮的表面应具备良好的触感反馈，让用户能清晰地感知到按键的按下和释放状态。按钮间距应足够宽，以减少误操作的可能性。同时，按钮的形状和颜色应有明显的对比，以便于识别。例如，按钮可以设计成凸起的圆形，配以高对比度的颜色，如深蓝色背景上的白色符号。

2. 明晰功能说明

功能说明的清晰程度会直接影响老年人在使用电器时的体验。功能说明应包括操作步骤、功能介绍和常见问题解答。设计时可以采取以下措施来确保说明的清晰性。

（1）文字和图示。使用大字体和简单的语言来撰写说明书。避免使用过多的专业术语，取而代之的是通俗易懂的表达。对于操作步骤，图示是一种非常有效的表达方式。图示可以直观地展示操作流程，减少文字的复杂性。例如，可以通过步骤图来展示如何设置洗衣机的洗涤程序，或如何调节微波炉的加热时间。

（2）语音提示。现代智能设备可以集成语音提示功能，帮助老年人理解设备的功能和操作步骤。语音提示应清晰、自然，并且语速适中。语音提示可以在设备启动、功能选择和完成任务时进行，以帮助用户确认操作状态。语音提示的内容应包括操作步骤的详细说明以及常见问题的解答。

（3）操作演示。对于复杂的功能，可以提供操作演示视频或动画。这些视频应展示设备的使用过程，并且简明扼要地说明每个步骤。用户可以在设备的官方网站或操作手册中找到这些演示视频，或者在设备启动时通过内置的屏幕播放。

（二）可视性和听觉提示

1. 大字号显示屏

随着年龄的增长，许多老年人的视力会逐渐下降。因此，家用电器的显示屏设计需要特别考虑可视性。大字号显示屏是提高可视性的有效手段，下面是一些具体的设计要点。

（1）字号和字体。显示屏上的文字应使用大字号和易读的字体。字体应具备较高的对比度，并且在不同的光照条件下都能保持清晰。选择无衬线字体通常会更易于阅读，因为这些字体的字形更加简单，没有额外的装饰。字号应足够大，以便老年人在正常视距下轻松阅读。

（2）背景和前景色。为了提高文字的可读性，显示屏的背景色和文字颜色应具有明显的对比。一般来说，黑色文字配白色背景或白色文字配黑色背景是较为常见且有效的配色方案。避免使用相近的颜色组合，如红色和橙色，相近的颜色组合对视力下降的老年人来说可能不易区分。

（3）亮度。显示屏的亮度应可调节，以适应不同的光照条件。在强光环境下，用户可能需要提高亮度；而在昏暗的环境中，则需要降低亮度。设计中应包括亮度调节功能，以方便用户根据个人需求调节显示屏的亮度。

2. 声音提示

声音提示是增强家用电器操作体验的另一个重要方面。适当的声音提示不仅能提高操作的反馈性，还能帮助视力和听力下降的老年人获得操作的确认。下面是声音提示设计的一些要点。

（1）音量。声音提示的音量应可调节，以满足不同听力水平老年人的需求。对于听力下降的老年人，设备应提供足够大的音量选项。音量调节功能应简单易用，可以通过按钮或设置菜单进行调节。设计时应避免设置过高或过低的音量级别，以免造成不适或无法听到提示音。

（2）声音清晰度。声音提示应具备清晰的发音和音调。避免使用过于刺耳或模糊的音效。设计时可以选择柔和而明确的音调，以便用户能够轻松辨识。例如，可以使用中低频的音效来提示用户完成某项操作，而不使用过于尖锐的高频声音。

（3）多重提示方式。除了声音提示以外，家用电器还可以结合其他提示方式，如震动提示或视觉信号。震动提示可以在设备产生警告或需要用户注意时启动，以增强提示的效果。视觉信号可以包括闪烁的指示灯或显示屏上的提醒信息，帮助用户在噪声环境下也能接收到提示。

3．视觉信号

视觉信号是帮助老年人确认设备状态的重要手段。设计视觉信号时应注意以下几项。

（1）显著性。视觉信号应具有显著的颜色和亮度，以便于识别。例如，警示灯应使用红色或橙色，正常工作状态的指示灯可以使用绿色。不同的状态应使用不同的颜色，以便用户快速区分。

（2）亮度和闪烁频率。视觉信号的亮度应适应不同的光照条件，确保在各种环境下都能清晰可见。闪烁频率应适中，不要过快或过慢。过快的闪烁可能会引起视觉疲劳，而过慢的闪烁可能导致用户无法及时注意到信号。

（3）位置和布局。视觉信号的设计应考虑到用户的视线范围和观察习惯。指示灯或显示屏上的信息应置于易于观察的位置，以便用户能够在正常视线范围内看到信息。例如，可以将指示灯放置在设备的前面或侧面，避免放置在用户难以看到的角落。

（三）安全功能

1．防误操作设计

防误操作设计是确保家用电器使用安全的重要方面。误操作可能导致设备损坏或安全事故，因此设计中应包括以下几项功能。

（1）按钮锁定功能。对于具有高风险操作的设备，可以设计按钮锁定功能，防止用户意外触发。按钮锁定可以通过电子锁定或物理开关实现。物理锁定功能可以使用滑动开关或弹出式按钮，而电子锁定功能可以通过设置菜单进行操作。锁定功能应简便易用，以方便用户根据需要轻松开启或关闭。

（2）确认操作功能。对于关键操作，如启动或停止设备，应设置确认操作功能。在执行关键操作前，系统应要求用户进行确认，以防止因误操作导致问题。确认操作可以通过弹出对话框或确认按钮实现，确保用户在进行重要操作时能够明确自己的选择。

（3）安全警告和提示功能。设计中应包含安全警告和提示功能，以告知用户潜在的风险。例如，当设备处于高温或高压状态时，系统应发出警告，提示用户注意安全。这些警告可以通过声音、视觉信号或显示屏上的信息进行，以便用户能够及时获得安全提示。

2. 自动断电和过热保护

自动断电和过热保护功能是保障家用电器安全使用的关键措施。下面是具体的设计要点。

（1）自动断电功能。家用电器应设计自动断电功能，以防止因设备故障或长时间使用导致的安全隐患。自动断电功能应具备高灵敏度和可靠性，能够及时检测到设备的异常状态并迅速断电。设计中应包括温度传感器、电流传感器或其他检测装置，以监测设备的工作状态。

（2）过热保护功能。过热保护功能能够防止设备因过热引发的安全问题。设计中应设置过热传感器，当设备温度超过设定值时，系统应自动启动降温或停止运行。过热保护功能应与自动断电功能结合使用，以确保设备在过热情况下能够迅速停机。

（3）温度控制系统。设计中可以采用温度控制系统，以调节设备的工作温度。温度控制系统应具备精确的温度调节功能，并能够根据实际需求自动调整设备的工作状态。温度传感器应放置在设备的关键部位，以实时监测设备的温度变化。

二、设计中应考虑的用户友好性

在家用电器的适老化设计中，用户友好性不仅仅是一个设计原则，更是提升老年人生活质量的关键。为了确保家用电器能够满足老年人的需求，设计中必须全面考虑舒适性、易于清洁和维护以及适应性调整。

（一）舒适性设计

1. 人体工程学设计

舒适性设计是确保家用电器在使用过程中对老年人身体负担最小化的核心

要素。人体工程学设计的目标是使设备操作更加自然和顺畅，减少老年人在使用过程中可能出现的不适。下面是几项设计要点。

（1）手柄和按钮设计。

① 形状和尺寸。手柄应设计为符合手部自然握持姿势的曲线形状。手柄的直径和厚度需要符合老年人手部的力量和灵活性，以便他们能够舒适地握持和操作。按钮的尺寸应足够大，边缘应圆润，以避免老年人在操作过程中感到不适或挤压。

② 材质。使用柔软且有良好抓握感的材料，例如橡胶或防滑塑料，可以提高手柄的舒适性。同时，按钮表面可以采用具有摩擦力的材料，以减少因手汗或湿润导致的滑动问题。

③ 触觉反馈。按钮的触觉反馈应包括适度的弹性和清晰的按下感，以便用户能够感觉到操作的完成。触觉反馈对于老年人尤其重要，因为它能帮助他们确认操作状态。

（2）操作高度和角度设计。

① 高度调整。对于需要站立操作的设备（如厨房用具），操作面板的高度应设计为符合老年人的身高范围。可以采用可调节的设计，使设备可以根据不同用户的身高进行调整，避免因过高或过低造成不适。

② 角度调整。操作面板的角度应设计为适合老年人视线的角度，尤其对于需要较长时间操作的设备，如电脑或电视。倾斜角度应使用户在坐姿或站姿时都能够舒适地查看操作界面，减少颈部和背部的压力。

（3）重量和移动方式设计。

① 轻质材料。设备的重量应考虑到老年人的搬运能力。使用轻质材料（如塑料复合材料或铝合金）可以有效减轻设备的总重量，同时保持足够的强度和耐用性。设计中应避免使用过重的材料，以减少老年人在操作和搬运时的体力负担。

② 移动方式设计。对于大型家用电器，可以设计为带有滚轮或滑动装置的结构，使其能够方便地移动和调整位置。滚轮应具备足够的承重能力，并且在设备静止时能保持稳定，以防止滑动或倾斜。

2. 操作反馈

操作反馈是设计中不可忽视的一个方面，它可以有效提高用户的操作准确性和舒适性。下面是几项设计要点。

（1）触觉反馈设计。

① 按钮设计。按钮应具备明显的触感，如按下时有适度的弹性和反馈力度。这种设计可以帮助用户确认操作是否成功，并减少误操作的发生。触觉反馈的设计应避免过于硬朗或过于松软的触感，以平衡操作的舒适性和准确性。

② 开关设计。开关的设计应考虑到不同的触感需求。例如，旋钮式开关可以设计为具有不同的转动阻力，以帮助用户识别不同的操作状态。

（2）声音提示和视觉反馈设计。

① 声音提示。声音提示应具备适中的音量和清晰的音质，以确保用户能够听到操作确认音。声音提示可以包括操作成功的音效、错误警告音效以及设备状态变化的提示音。音量应可调节，以适应不同用户的听力需求。

② 视觉反馈。设备的显示屏应具备高对比度和清晰度，以便用户能够清晰地读取信息。设计中可以使用大字号的字体和明亮的颜色，以提高信息的可读性。此外，设备上的指示灯或显示屏应能够提供直观的状态信息，如工作状态、故障提示等。

（二）易于清洁和维护设计

1. 简化清洁过程

家用电器的清洁难度会直接影响设备的长期使用和老年人的操作体验。下面是简化清洁过程的设计措施。

（1）材料选择。

① 防污垢材料。选择防污垢、抗腐蚀的材料可以减少清洁的频率，降低清洁难度。例如，不锈钢和抗菌塑料可以有效防止污垢与细菌的滋生，同时易于擦拭和清洁。

② 光滑表面。设备的表面应设计为光滑且无缝，以减少污垢的积聚，降低清洁难度。避免使用凹凸不平的表面纹理，这些纹理容易积累灰尘和污垢。

（2）可拆卸设计。

① 可拆卸部件。设计中应考虑设备的可拆卸部件，如滤网、内胆或外壳。这些部件应设计为易于拆卸和安装，以便用户可以方便地进行清洁。例如，空气净化器的滤网可以设计为用户可以轻松取出和清洗的结构，减少清洁过程的复杂性。

② 快速锁定机制。拆卸部件的设计应具备快速锁定机制，以确保部件能够稳固地固定在设备上，并且能够快速拆卸和安装。锁定机制应简单易用，避免使用复杂的工具或操作步骤。

（3）防护设计。

① 保护罩。对于易受污垢影响的部件，可以设计防护罩或保护膜，以减少污垢的直接接触。例如，烤箱的门可以设计为防油污的玻璃门，防止油烟和灰尘附着在门上。

② 自清洁功能。一些设备可以配备自清洁功能，如自清洁烤箱。自清洁功能可以通过高温或化学反应清除设备内部的污垢和残渣，减少用户手动清洁的频率。

2. 维护便利性

家用电器的维护便利性是确保设备长期正常运行的重要因素。下面是几项设计要点。

（1）故障诊断功能设计。

① 故障提示。设备应具备故障诊断功能，以帮助用户快速识别和解决常见问题。例如，显示屏可以提供错误代码和故障描述，帮助用户了解设备的故障类型和处理方法。

② 在线支持。设备可以提供在线支持功能，如通过应用程序或网站提供故障排除指南和常见问题解答。在线支持可以帮助用户在遇到问题时快速找到解决方案。

（2）易维修设计和备件管理。

① 易维修设计。设计中应考虑到设备部件的易维修性和易更换性。常见的易损部件应设计为用户可以方便地更换，而不需要复杂的工具或专业知识。例如，冰箱的灯泡和滤网可以设计为用户可以自行更换的结构，以减少维修的成本和

时间。

② 备件管理。设备生产商可以提供备件管理服务，如提供备件订购渠道和维修服务。这些服务可以帮助用户在设备出现问题时快速获得所需的备件和维修支持。

（3）用户手册和指导设计。

① 用户手册。提供详细的用户手册和维护指导是确保用户能够正确使用并维护设备的必要措施。用户手册应包含设备的使用说明、维护方法和常见问题解答。手册中的维护指导应简明扼要，避免使用复杂的技术术语，以便用户能够轻松理解和操作。

② 视频教程。为了更好地辅助用户，设备生产商可以提供视频教程，演示设备的使用、清洁和维护过程。视频教程可以通过网络平台提供，帮助用户在需要时快速获取操作指导。

（三）适应性调整

1．个性化设置

适应性调整功能可以显著提高设备的使用便捷性和灵活性，满足不同老年人的个性化需求。下面是几项设计要点。

（1）温度调节设计。

① 精确控制。对于需要温度控制的设备，如空调、加热器和热水器，设计中应提供精确的温度控制功能。用户可以根据个人需求设置具体的温度值，以确保设备能够提供舒适的环境。

② 预设模式。设备可以提供预设的温度模式，如舒适模式、节能模式等，以简化用户的操作过程。预设模式应符合常见的使用场景，帮助用户快速调整设备设置。

（2）亮度调节设计。

① 自动调节。对于具有显示屏或照明功能的设备，设计中可以考虑自动调节亮度的功能。设备可以根据环境光线的变化自动调整显示屏或照明的亮度，以提供最佳的可视效果。

② 手动调节。用户也可以手动调节设备的亮度设置，以适应个人的视觉需

求。手动调节应简便易用，避免复杂的操作步骤。

（3）声音控制设计。

① 音量调节。设备的音量应可调节，以适应不同用户的听力需求。设计中可以提供多个音量级别选项，以便用户根据环境噪声和个人喜好进行调整。

② 静音模式。对于需要安静操作的场景，设备可以提供静音模式或降低音量的选项。静音模式应能有效减少设备发出的声音，以避免打扰到其他人。

2．易于操作的界面设计

易于操作的界面设计是提升用户友好性的另一个关键方面。下面是几项界面设计要点。

（1）简洁的用户界面。

① 直观布局。用户界面应设计得简洁明了，功能按钮和显示信息应按照使用频率进行合理布局。避免在界面上放置过多的功能选项，以免用户感到困惑。

② 大字体和高对比度。界面上的文字应使用大字号和高对比度的颜色，以确保老年人能够清晰地阅读和操作。高对比度的设计可以提高视觉清晰度，减少眼睛的疲劳。

（2）辅助功能。

① 语音助手。设备可以配备语音助手功能，以帮助用户通过语音命令进行操作。语音助手应具备语音识别和自然语言处理能力，以提供准确的操作指令。

② 触摸屏操作。对于需要频繁操作的设备，触摸屏可以提供更加直观和灵活的操作方式。触摸屏的响应速度和准确性应经过优化，以确保用户能够顺畅地进行操作。

3．安全性设计

安全性设计是确保老年人使用家用电器时不会受到伤害的重要方面。下面是几项安全性设计要点。

（1）过热保护设计。

① 自动断电功能。设计中应包括过热保护功能，如自动断电装置，以防止设备因过热而引发火灾或其他安全隐患。设备应能够在温度超过设定阈值时自动断电，以确保用户的安全。

② 散热设计。设备的散热设计应合理，确保设备在工作过程中能够有效散热。散热孔和散热片的设计应保证设备的正常运行温度，并防止出现过热现象。

（2）电气安全设计。

① 绝缘设计。电气设备的绝缘设计应符合安全标准，以防止触电事故。设备的电源线和插头应具备良好的绝缘性能，并且应避免裸露的电线或插头部分。

② 电源保护。设备可以配备过载保护装置，以防止电流过载导致设备损坏或电气事故。过载保护装置应能够实时监测电流变化，并在出现异常时及时切断电源。

（3）机械安全设计。

① 防护罩设计。对于具有机械运动部件的设备，如搅拌机和烤箱，设计中应包括防护罩或保护网，以防止用户接触到运动部件而导致受伤。防护罩应具备足够的强度和耐用性，以确保使用过程中的安全。

② 锁定机制。设备的开关和门应具备安全锁定机制，以防止意外操作。例如，烤箱的门可以设计为在高温状态下无法打开，确保用户的安全。

通过以上分析可以看到，家用电器的适老化设计不仅要关注功能的实现，还要注重用户的使用体验。舒适性设计旨在减轻老年人的身体负担，易于清洁和维护的设计则确保设备长期使用的便捷性，而适应性调整则提供了个性化的操作体验。结合这些设计要点，可以为老年人制造出更加友好、安全和便捷的家用电器，提升其生活质量。

三、产品设计中的安全性与易用性

在家用电器的适老化设计中，安全性和易用性是两个至关重要的设计要素。这些设计要素的合理性会直接影响老年人的使用体验及其生活的安全性和便捷性。为确保设计的有效性和适用性，必须在设计中充分考虑以下几个方面。

（一）安全性保障

1. 电气安全标准的遵守

电气安全标准是确保家用电器安全运行的基本要求。电器的所有电气部件必须符合国际和国家的安全标准。这些标准包括电气设备的绝缘性、耐热性、耐压性等，确保电器在正常使用和意外情况下的安全。设计师需要使用经过认证的质量合格的材料，并进行严格的测试和验证。例如，电源线的绝缘层需要具备良好的耐热性和耐磨损性能，以减少因长时间使用或物理损伤引发的电气短路或火灾风险。此外，所有电气元件应具备防水、防尘等特性，以应对不同环境下的使用需求。

2. 多重安全保护机制

为防止电器出现安全隐患，设计中应融入多重安全保护机制。这些保护机制包括自动断电、过载保护、漏电保护等。例如，自动断电功能可以在电器检测到过载或电流异常时立即切断电源，避免电器过热或引发电气事故。过载保护则通过内置的保险丝或断路器，及时断开电路，以防止电器在运行中因电流过大而发生故障。漏电保护装置可以在检测到漏电时迅速断开电源，防止电击事故的发生。这些保护机制的设计不仅可以防止电器本身的故障，还能保护使用者免受潜在的电气危险。

3. 防误操作设计

防误操作设计对于家用电器的安全性至关重要。老年人由于视力或动作协调能力的下降，可能会出现误操作的情况。因此，设计时应考虑到这一点，如通过设计复杂的开关操作或需要特定力度的按钮来防止误触。电器的控制面板应避免布置过于密集的功能按钮，以减少误操作的风险。对于需要调整的设置，如热水器的温度调节或微波炉的加热时间，应设计防误触的功能，确保设置调整的准确性。

（二）易用性提升

1. 简化操作步骤

为了提高家用电器的易用性，设计时应尽量简化操作步骤。操作界面应直观易懂，减少用户操作的复杂性。例如，电器的按钮应大且标识清晰，避免使用多层菜单和复杂的功能设置；设计中应考虑到老年人的认知能力，提供一键启动或预设功能，简化操作流程；对于需要频繁使用的功能，应设计在易于访问和操作的位置，使老年人能够快速完成操作而无须查阅复杂的说明书。

2. 增加使用指南与培训

为了帮助老年人更好地使用家用电器，设计中应提供详细的使用指南和培训材料。这些指南应使用大字印刷、简单明了的图示和直观的说明，避免使用专业术语和复杂的操作步骤。使用指南可以包括图示说明、步骤分解和常见问题解答等内容。除了纸质说明书以外，还可以提供视频教程或在线帮助平台，帮助老年人学习如何使用设备，并解决使用过程中可能遇到的问题。这些资源应便于访问，确保老年人能够在需要时快速获取帮助。

3. 认知能力的考虑

在设计家用电器时，需要充分考虑老年人的认知能力变化。操作界面应设计得简单而直观，避免使用复杂的技术术语和多级菜单。按钮和控制器的布局应经过精心设计，以避免混淆和误操作。设备的操作提示和反馈信息应清晰明了，使用大字体和高对比度的色彩方案，以帮助老年人更容易地阅读和理解信息。设计应考虑到老年人的记忆力下降问题，通过提供明确的操作步骤和功能提示，帮助其记住常用的功能和操作方式。

（三）使用反馈

1. 明确的操作反馈

操作反馈是确保用户能够确认操作成功与否的重要设计元素。家用电器应提供明确的操作反馈，包括声音、视觉和触觉反馈。例如，按钮按下时应发出清晰的声音提示或提供触觉反馈，以确认操作已被接收。显示屏上的提示信息应字号大而易读，帮助用户了解设备的状态和操作结果。这些反馈机制能够有效减少用户的不确定性，提高操作的准确性。

2. 适当的反馈方式

考虑到老年人的视力和听力可能有所下降，设计应提供多种反馈方式。例如，除了声音提示外，还应配备大字号的显示屏和高对比度的颜色方案，以确保视觉反馈的清晰可见。对于听力受限的用户，可提供振动反馈或闪烁的灯光提示，以确保他们能够感知到操作的结果。反馈的方式应根据不同用户的需求进行调整，确保每位用户都能够获取有效的操作信息。

3. 易于理解的反馈信息

设计中应提供简单易懂的反馈信息，避免使用技术术语或复杂的表达方式。反馈信息应清晰明确，帮助用户快速理解设备的状态和操作结果。例如，操作成功时可以通过简洁的文字或图标提示，操作失败时则通过明确的错误信息和解决建议帮助用户纠正问题。设计应考虑到老年人的语言理解能力，提供直观的图标和简明的文字描述，确保其能够轻松理解反馈信息。

通过对家用电器适老化设计中安全性和易用性的分析可以看出，这些设计要素的有效性不仅影响到老年人的使用体验，也关乎他们的生活质量和安全。设计师在开发适老化家用电器时，需要综合考虑老年人的实际需求，确保产品的安全性和易用性，从而提升老年人的生活品质和使用便捷性。

第五章

老年人日常活动视角下的适老化设计

第一节　老年园艺活动设计

一、园艺活动的生理效益与心理效益

园艺活动对老年人的身心健康具有显著的积极影响，这些效益不仅体现在提升身体健康水平上，还涉及心理和社会适应能力的改善。对园艺活动的生理效益与心理效益进行详细分析，有助于适老化设计的应用与实践。

（一）生理效益

园艺活动的生理效益涵盖了多个方面，包括身体运动的促进、骨骼强化以及灵活性与协调性的提高。

1．身体运动的促进

园艺活动涉及的体力劳动对老年人的身体有多重积极影响。挖土、种植、浇水等活动是低强度的有氧运动，这些运动能够增强心肺功能。对于老年人而言，这种低强度但持续的身体活动可以有效提升心脏的血液泵送能力，改善血液循环，有助于维持健康的心血管系统。更重要的是，园艺活动可以增强肌肉力量，特别是手臂、肩膀和背部的肌肉。这种力量的增强不仅改善了老年人的日常生活能力，还减少了跌倒和相关伤害的风险。

2. 骨骼强化

园艺活动涉及的体力劳动主要是搬运土壤和使用园艺工具，对骨骼强化有促进作用。负重活动是维持骨密度的重要因素，园艺中的体力劳动能够刺激骨骼的矿物质沉积，增加骨密度。这种效益尤其重要，因为老年人骨密度的自然下降增加了骨折的风险。通过定期进行园艺活动，可以帮助老年人保持健康的骨骼结构，降低骨质疏松的发生率。

3. 灵活性与协调性的提高

园艺活动还能够提高老年人的灵活性和协调性。园艺过程中的各种操作，如弯腰、伸展、转动等，能够增强关节的活动范围。老年人经常进行这些活动，可以提高关节的灵活性，减少因关节僵硬导致的运动困难。此外，园艺活动中的精细操作（如种植和修剪）需要手眼协调，这种协调能力的提升对于老年人的日常活动有积极的帮助。

（二）心理效益

园艺活动对心理健康的效益同样显著，涉及情绪调节、心理满足感及社交支持等多个方面。

1. 压力和焦虑的减轻

园艺活动有助于降低心理压力和焦虑水平。这一效果部分归因于自然环境对心理的舒缓作用。接触绿色植物和自然环境被认为能够促进身心的放松。在园艺活动中，老年人通过参与植物的养护和观察植物的成长，能够获得心理上的愉悦和放松，从而降低体内的应激激素水平，缓解紧张情绪。

2. 幸福感和满足感的提升

园艺活动能够增强老年人的幸福感和满足感。在园艺活动过程中，老年人可以亲手栽培植物，看到植物从种子成长为成熟的植物，这种成就感和创造性带来的满足感可以极大地提高心理幸福感。园艺过程中的成功和进步能够让老年人感受到个人的价值和对环境的影响，从而增强生活的意义感和目的感。

3. 抑郁症状的缓解

园艺活动也有助于缓解抑郁症状。研究表明，园艺活动能够通过提供结构化的活动和目标感来改善抑郁情绪。园艺活动不仅能使老年人感受到成就感，还能够提供稳定的日常活动模式，帮助减轻抑郁症状。此外，园艺活动中的自然环境和身体运动也对改善情绪有积极影响，减少了抑郁症的发生和加重。

4. 社交机会的提供

园艺活动可以作为一个重要的社交平台。通过园艺活动，老年人有机会与家人、朋友以及社区成员互动。这种社交互动可以减少孤独感，提高社会支持水平。与他人共同参与园艺活动能够建立和谐的社交关系，并增强社会归属感。此外，园艺活动中的合作和交流有助于提升老年人的社交技巧和人际交往能力，从而进一步增强心理健康。

二、园艺空间的设计要求

在老年园艺活动的设计中，园艺空间的设计要求需要充分考虑老年人的使用习惯和身体特点，以确保其安全、舒适和便捷。

（一）无障碍设计

1. 平坦步道与无障碍通道

园艺空间的步道设计必须考虑到老年人可能使用轮椅、助行器或其他辅助设备的情况。步道应保持平坦，避免任何凸起或凹陷，这些细节虽然看似微小，但却可能成为潜在的跌倒风险。为此，步道材料应选择坚固耐用的铺装材料，如抗压的混凝土、沥青或高质量的园艺砖，这些材料能提供平稳的行走体验。

无障碍通道的设计也至关重要。通道的宽度需要足够大，以便轮椅或助行器使用者能够顺畅通行。通常情况下，通道的宽度应至少达 1.2 米，以确保通行的舒适度和安全性。此外，通道应尽量避免急剧的转弯和复杂的交叉设计，以减少老年人在通过时的困难。

2. 防滑材料

为了避免因雨水或潮湿导致的滑倒事故，步道应采用防滑材料进行铺设。例如，采用具有防滑纹理的地砖或铺设防滑橡胶垫，可以有效增加步道的摩擦力，从而降低滑倒的风险。在设计中应特别注意步道的接缝和拐角处，这些地方

容易积水或变得湿滑，应使用防滑处理技术以确保安全。

3. 宽敞的转弯区域

园艺空间中的转弯区域应设计得足够宽敞，以便老年人在使用助行器或轮椅时能够顺利转弯。转弯区域的直径应至少为 2 米，以便设备能够进行 180° 的转弯而不感到局促。设计时，可以采用圆形或弧形的转弯设计，这种设计不仅视觉上更加舒适，还能有效减少老年人行走时的转弯困难。

（二）座椅和休息区的设置

1. 舒适的座椅设计

座椅的设计应重点关注舒适性和实用性。座椅的高度应根据老年人的坐立高度来设置，通常为 40 ～ 50 厘米，这样可以避免老年人在坐下或站立时的身体过度弯曲或用力。座椅的材料应选择透气性良好的面料，并配有适当的垫层，以增加舒适感。对于那些需要较多支持的老年人，可以选择带有靠背和扶手的座椅，这样可以在坐下或站起时获得更多的支持。

2. 遮阳设施

在园艺空间中设置遮阳设施不仅可以保护老年人免受紫外线的直接照射，还能为他们提供一个舒适的休息环境。遮阳设施可以是固定的凉亭、可调节的遮阳伞或可伸缩的遮阳棚。这些设施应具有良好的遮阳效果，并能够防风、抗雨水。此外，遮阳区域应与座椅和休息区靠近，以方便老年人随时找到遮阳处。

3. 休息区的多样性

休息区应提供多种座椅选项，如长椅、靠背椅和坐垫，以满足不同老年人的需求。休息区的布局应避免拥挤，提供足够的空间让老年人能够自由活动。为了提高休息区的舒适性，可以考虑在地面铺设柔软的草坪或铺设防震垫。此外，休息区应设置适当的照明设施，以便老年人在光线不足时仍能安全使用。

（三）园艺工具的优化设计

1. 轻便工具的设计

园艺工具的设计需要考虑到老年人的身体状况和操作能力。轻便的园艺工具可以减轻老年人在使用过程中的身体负担。工具的材质应选择轻质且坚固的材料，如铝合金或塑料，这些材料不仅减轻了工具的重量，还具有良好的耐用性。此外，工具的设计应尽量简化，避免复杂的结构和操作步骤。

2．易于握持的设计

工具的握柄设计应符合人体工程学原理，考虑到老年人的手部力量和灵活性。握柄的直径应适中，避免过细或过粗，以减少手部疲劳和不适。握柄表面可以增加防滑设计，使用柔软的橡胶或软垫材料，以提高握持的舒适度和稳定性。此外，工具的握柄应具有一定的弯曲角度，以适应不同的操作姿势和握持角度。

3．使用便利性的考虑

在设计园艺工具时，应考虑到工具的存放和取用的便利性。例如，可以设计带有储物功能的园艺车或工具架，以方便老年人存放和取用工具。工具车的高度和宽度应适中，确保老年人能够方便地推拉和操作。此外，可以设计一些具备自动功能的园艺工具，如自动浇水系统或电动修剪机，以降低手动操作的频率和劳累程度。

三、活动设备与安全措施

在老年园艺活动中，设备的设计和安全措施至关重要。为了保障老年人在园艺活动中的安全和便利，必须从多个方面进行详细的考虑和优化。

（一）人体工程学设计

1．工具的形状和握柄

园艺工具（如铲子、锄头和剪刀）的设计应充分考虑人体工程学，以便老年人能够舒适且有效地使用。工具的握柄应符合人体工程学原理，考虑到老年人的手部力量和灵活性。握柄应具有适中的直径和舒适的材质，如使用柔软的橡胶或硅胶材料，以增加握持的舒适感和防滑性。握柄的设计还应考虑到老年人的握持角度，避免过于平直的设计，而应设计为符合自然握持姿势的弯曲形状，以减少手部的疲劳。

2. 轻便结构

园艺工具的整体结构应尽可能轻便，以减少老年人在使用过程中的体力消耗。工具的材质应选择轻质但坚固的材料，如铝合金或塑料复合材料，这些材料能有效降低工具的重量而不牺牲强度。工具的设计应避免过多的复杂结构，简化操作步骤，以使老年人能够轻松完成各种园艺任务。工具的重心应尽量靠近握柄，以提高操作的稳定性和控制性。

3. 避免锐利边缘和不安全部件

为了减少使用中的潜在风险，园艺工具应避免锐利的边缘和易造成伤害的部件。工具的刀刃或切割部分应设计为圆滑的边缘，减少对皮肤的划伤风险。工具的使用部位应具备安全保护措施，如防护罩或安全锁，以防止意外接触到锋利的部分。在设计中还应避免使用小零件或易脱落的部件，这些部件可能成为老年人使用过程中的潜在危险源。

（二）安全措施

1. 电动工具的安全装置

对于电动园艺工具，如电动剪刀或自动浇水系统，设计中应加入多重安全功能以确保使用安全。例如，工具应配备自动断电装置，以防止因电力问题导致的安全隐患。过热保护功能也是必要的，当工具的温度超过安全范围时，设备应自动停止工作，以防止过热引发的火灾或设备损坏。此外，电动工具应具备易于操作的开关和控制面板，避免复杂的操作步骤，使老年人在使用时能够简单、直观地控制工具的功能。

2. 急救设施的设置

在园艺空间内，应配备必要的急救设施，如急救箱和紧急呼叫系统。急救箱应包含常用的急救用品，如创可贴、消毒剂、绷带和止血器具，并定期检查和更换过期或损坏的物品。紧急呼叫系统应设在园艺空间的显眼位置，老年人在遇到意外情况时能够迅速呼叫帮助。紧急呼叫系统可以包括紧急呼叫按钮、无线对讲机或与紧急服务中心连接的电话，以确保老年人在紧急情况下能够及时获得帮助。

（三）定期维护和检查

为了确保园艺设备的安全性和功能性，需要定期进行维护和检查。

1. 设备的维护

设备的维护包括对工具的清洁、润滑和紧固检查。工具的刃口应定期磨锋，以保持切割的有效性，并防止因钝化导致的操作困难。电动工具的电缆和连接部件应定期检查，确保没有磨损或破损，避免因电气问题引发的安全隐患。维护过程中还应检查工具的安全装置，确保所有安全功能正常工作。

2. 设备的检查

设备的检查包括对工具整体结构的检查，确保没有裂缝、变形或其他影响使用的损坏情况。检查过程中应特别注意工具的连接部位、固定装置和控制面板，确保所有部件都能正常运作。在检查过程中发现问题时，应及时进行修理或更换，以确保设备的安全性和可靠性。

第二节　老年音乐活动设计

一、音乐对老年人的心理影响

音乐对老年人的心理健康具有显著的积极影响，从情绪调节到认知功能的提升，都在促进老年人的心理健康方面发挥着关键作用。

（一）激发情感与放松心理

音乐具有独特的能力，能够激发人们的情感。对于老年人来说，音乐不仅是情感表达的一种方式，更是一种情感的释放和慰藉。音乐的旋律和节奏能够触动人的内心深处，引发情感上的共鸣，这种共鸣有助于缓解焦虑和压力。音乐的节奏和旋律可以调节情绪，帮助老年人放松身心，减轻心理上的紧张感。特定的

音乐类型，如轻音乐、古典音乐和自然音效等，常被用来帮助老年人平复情绪，提升其心理幸福感。

（二）激活记忆力与认知功能

音乐的另一重要作用在于对脑部活动的促进。音乐对记忆力和认知功能的影响已经得到了广泛的研究证实。音乐可以激活大脑中的多个区域，包括涉及记忆、情感和认知的区域。这种激活作用有助于提高老年人的记忆能力和认知功能。参与音乐活动（如唱歌、弹奏乐器）能够刺激大脑的神经网络，促进神经元的再生和连接，从而延缓多种认知疾病的发展。通过音乐活动，老年人可以保持思维的灵活性，提升认知能力，减缓认知衰退的速度。

（三）促进社会互动与归属感

音乐活动还能促进老年人的社会互动，增强他们的归属感。参与音乐团体活动（如合唱、乐器演奏等）不仅可以提高老年人的社交技能，还能建立和维持社会联系。在音乐团体中，老年人能够与他人共享音乐的快乐，增加与他人的交流和互动。这种社会互动对于减少孤独感、提升生活的乐趣和满足感具有重要意义。音乐团体活动提供了一个平台，让老年人能够相互支持，分享彼此的经历和情感，从而增强彼此之间的联系和合作。

（四）产生积极影响

音乐的积极影响不仅局限于情绪调节、记忆力和社会互动，它还涉及整体心理健康的改善。音乐的参与能够帮助老年人形成规律的生活模式，提高生活质量。音乐活动能够激发老年人的兴趣和激情，催生他们对生活的积极态度。参与音乐活动还能够改善老年人的自我认同感，使他们感受到自己仍然有能力作出贡献和取得成就。音乐的综合效果在于通过情感、认知和社交三方面的促进，提升老年人的整体心理健康水平。

（五）实现音乐疗法与心理干预

在老年康复的实践中，音乐疗法作为一种有效的心理干预手段，得到了广泛的应用。音乐疗法利用音乐的特性和作用，通过有目的的音乐活动来改善老年人的心理状态。音乐疗法可以根据老年人的个体需求和心理状态，设计有针对性的音乐干预方案。通过音乐疗法，老年人能够获得个性化的心理支持和干预，从而更好地应对心理问题和挑战。音乐疗法不仅包括音乐的听觉刺激，还包括音乐的参与性活动，如创作、演奏和唱歌等，以全面提升老年人的心理健康水平。

（六）音乐环境的设计要求

为了充分发挥音乐对老年人心理健康的积极作用，音乐环境的设计也需要考虑到老年人的需求。音乐环境应提供舒适的听觉体验，避免过于刺耳的声音和不适宜的音量。音乐播放设备应简单易用，确保老年人能够轻松操作。此外，音乐环境还应考虑到老年人的听力状况，提供适当的音响设备和调节选项，以确保音乐的效果能够满足他们的需求。

二、音乐活动空间的设计要点

在老年音乐活动的设计中，音乐活动空间的构建必须全面考虑老年人的特殊需求，以确保空间的舒适性、功能性和安全性。

（一）声学设计

音乐活动空间的声学设计是确保老年人能够享受音乐的关键因素。设计中应充分考虑声音的传播效果，以达到最佳的音响效果。首先，声学设计应防止过度的回声和噪声干扰。回声会影响音乐的清晰度，使听觉体验变得不舒适，因此应使用吸音材料和声学处理技术来减少回声的产生。这些材料可以包括吸音板、地毯和窗帘，它们能够有效地吸收声波，减少不必要的反射。

此外，空间内的噪声控制也是关键。噪声干扰会影响老年人对音乐的体验，因此设计时应选择合适的隔音材料和结构，隔绝外部噪声对音乐活动的干扰。音乐活动空间内应避免产生过高的音量，以免对老年人的听力造成伤害。设计时应确保音响系统的调节功能灵活，以适应不同的音量需求和个人的听力条件。

（二）空间布局

音乐活动空间的布局应充分考虑老年人的行动便利性。首先，座椅的设计需要考虑到老年人的舒适性和易用性。座椅应具备适当的高度，使老年人能够轻松坐下和起立。座椅的靠背和扶手设计应符合人体工程学原理，以提供足够的支撑和舒适感。同时，座椅之间应保持足够的间距，以便老年人能够顺利移动，避免拥挤和碰撞。

音乐活动区的布局应合理安排，确保所有乐器和音响设备都能方便使用。乐器的放置应考虑到老年人的操作便利，设计时应避免复杂的操作步骤。设备的界面应简洁直观，以降低老年人在操作时的困难。此外，设计时应考虑到老年人的视力问题，音响设备的控制面板和显示屏应具备清晰的标识和易于阅读的字体，以帮助老年人准确操作。

（三）照明设计

充足的照明是音乐活动空间设计的重要组成部分，能够确保老年人在活动过程中感到舒适。照明应均匀分布，避免强烈的阴影和眩光，这些因素可能会对老年人的视力产生负面影响。灯光的亮度应根据活动的需要进行调节，以确保良好的视觉效果。在夜间或光线较弱的环境中，照明设施应提供足够的亮度，以帮助老年人顺利进行活动。

除了主要的照明设施以外，空间内还应设置辅助照明，如台灯或阅读灯，以提供局部照明。这些灯光能够帮助老年人清楚地看到乐谱、乐器和其他细节，避免因光线不足而产生不便。

（四）通风与空气流通

音乐活动空间的通风设计也是关键因素之一。良好的通风能够保持空间内空气的新鲜度，防止空气污浊。设计时应考虑安装有效的通风系统，包括空气循环和排气设备，以保持空气流通。通风系统应具备调节功能，以适应不同季节和气候条件下的需求。此外，空间内的窗户和门应设置合理，方便自然通风和空气流动。

（五）设备的安全性

音乐活动空间内的设备设计必须充分考虑安全性。乐器和音响设备的设计应避免尖锐边缘和易碎部件，防止老年人在使用过程中发生意外。设备的操作界面应设计得简单、易用，减少老年人在操作过程中可能遇到的困难。此外，设备的电线和插座应经过合理布置，避免电缆绊倒老年人或造成电气安全隐患。定期对设备进行检查和维护，以确保其正常运行和安全使用。

三、活动工具与设施设计

在老年音乐活动中，工具与设施的设计对于老年人的音乐体验至关重要，特别是在确保便利性、舒适性和安全性方面。

（一）乐器设计

乐器的设计应专注于轻便性和易操作性，以适应老年人的身体条件和使用习惯。首先，乐器应选用轻质材料，以减轻老年人在操作过程中的体力负担。例如，弦乐器可以采用碳纤维或轻合金材料，这些材料不仅轻巧而且具有优良的声音质量。键盘乐器（如钢琴和电子琴）可以设计成更小巧的型号，并配备轻触键盘，这种设计使得老年人在演奏时的手指负担大大减轻。

其次，乐器的控制界面应尽量简化，避免复杂的操作步骤。对于弦乐器和管乐器，应设计更宽敞的按键或更易于按压的音孔，以适应老年人可能出现的手部力量下降和灵活性减退。此外，乐器的设计应避免尖锐的边缘和复杂的装配部件，以降低使用过程中发生意外的风险。

（二）音响设备设计

音响设备的设计应具备直观的操作界面，以便老年人能够轻松调整音量和音效。控制面板应设计为大按钮和清晰的标识，避免过于复杂的设置选项。音响设备的音量调节功能应具有明显的视觉和触觉反馈，确保老年人能够准确地感知音量的变化。此外，设备应具备简洁的音效调整功能，如均衡器或预设模式，使用户可以快速选择适合的声音设置，而无须深入的技术操作。

在音响系统的设计中，还应考虑到老年人的听力需求。设备应配备高质量的扬声器，确保声音的清晰度和准确性。对于听力损失较严重的老年人，可以设计具有增强音质的功能，如声音放大器或声音增强器，帮助他们更好地感知音乐。此外，音响设备应具备适应不同环境和场合的音质调节功能，以满足老年人对音质的个性化需求。

（三）视觉辅助设备设计

为适应老年人可能出现的视力问题，音乐活动的视觉辅助设备设计也是关键因素。乐器和音响设备的控制面板应配备大字号的显示屏和清晰的标识，确保老年人能够轻松阅读和操作。这些显示屏应具有高对比度和背光功能，以便在不同光线条件下保持良好的可读性。标识文字应使用大号字体和易读的字形，避免使用细小或复杂的字体样式。

此外，音乐活动空间内可以设置辅助视觉设备，如放大镜或视觉放大设备，帮助老年人清晰地查看乐谱和设备操作界面。对于需要更精准的视觉支持的情况，设计中可以引入可调节的放大镜或视觉辅助工具，以帮助老年人更好地参与音乐活动。

（四）用户体验优化

用户体验的优化是音乐活动工具和设施设计的重要方面。设计应注重老年人在操作过程中可能遇到的挑战，提供简单、直观的操作流程。工具和设备的用户界面应经过细致的测试，以确保其易用性和舒适性。老年人在使用过程中应能够得到清晰的操作指南和支持，避免因复杂的操作而感到困惑或沮丧。

设计还应考虑到设备的维护和保养问题。设备的清洁和维护应简便，以便老年人能够轻松进行日常的清洁和检查。设备的设计应尽量减少故障发生的可能性，并提供明确的维护指引和技术支持，以确保设备能长期稳定地使用。

（五）综合设计原则

综合设计原则在音乐活动工具与设施设计中占据重要地位。所有工具和设备的设计应遵循以人为本的原则，充分考虑老年人的身体条件和使用习惯。设计应力求简洁、直观，同时注重舒适性和安全性。乐器和设备的设计不仅要满足音乐活动的基本需求，还应在实际使用中提供良好的用户体验。

第三节　老年体感游戏设计

一、体感游戏的设计要点

体感游戏作为一种新兴的娱乐和锻炼方式，能够有效地结合运动与游戏的乐趣，对于老年人群体尤其具有吸引力。在设计体感游戏时，应充分考虑老年人的身体能力、运动需求以及心理体验，确保游戏的安全性、适用性和有效性。

（一）实现安全性设计

体感游戏最重要的是保障老年人的安全。设计应避免高强度的运动和复杂的动作，这有助于降低老年人在游戏过程中受伤的风险。游戏的运动模式应以温和和低冲击力为主，以减少对老年人关节和肌肉的压力。游戏动作应尽量简化，避免复杂的步伐和迅速的反应要求，降低跌倒和拉伤的可能性。

在设计中，还应考虑游戏空间的安全性。游戏场地应确保平坦且防滑，以减少摔倒的风险。空间内的障碍物和凸起物应尽量避免，确保老年人在运动过程中能够自由移动。对于需要使用体感设备的游戏，设备的放置位置应稳固，以防止老年人在使用过程中出现意外。

（二）保证操作简便性

体感游戏的操作应简便易懂，以适应老年人的认知和操作能力。游戏界面的设计应直观且易于理解，避免复杂的菜单和操作步骤。游戏控制的输入方式应简单，如使用大按钮或简易手势控制，确保老年人能够轻松掌握游戏操作。

在设计游戏教程和提示时，应使用简洁的语言和清晰的图示，帮助老年人

快速了解游戏规则和操作方法。教程应分步骤进行，提供清晰的视觉和听觉指引，避免因复杂的操作导致的挫败感或困惑。

（三）提供多种难度等级与调整功能

体感游戏应提供多种难度等级和调整功能，以适应不同老年人的身体条件和运动能力。游戏设计应包括简单的初级模式和逐步升级的中级及高级模式，允许老年人根据自身能力选择适合的难度等级。这种设计不仅可以满足不同用户的需求，还能够激励老年人逐步提升运动能力和参与度。

调整功能的设置应允许用户根据个人健康状况和运动能力调节游戏的难度和运动强度。例如，游戏可以提供调节选项，允许用户减少运动时间或降低运动强度，以适应老年人可能存在的体力限制。通过个性化的设置，游戏能够为老年人提供适度的挑战，同时避免过度的身体负担。

（四）促进健康

体感游戏的设计应以促进老年人健康为核心目标。在游戏过程中，设计应融入适量的身体运动，以达到增强体质和改善健康的效果。游戏应包含各类运动模式，如步行、伸展、平衡练习等，以全面促进老年人的身体活动。

设计中还应考虑到运动的多样性，以避免单一运动模式带来的疲劳感或厌倦感。通过多样化的运动方式和游戏情境，可以提高老年人对运动的兴趣和参与度。此外，游戏应提供运动反馈和激励机制，如实时显示运动量和健康数据，帮助老年人了解运动效果并保持积极的运动习惯。

（五）实现社交互动

体感游戏还应考虑到社交互动的功能。设计中可以融入多人游戏模式，鼓励老年人与家人、朋友或其他老年人共同参与游戏。通过社交互动，游戏不仅能够增强老年人的参与感，还能够促进他们的社交活动和情感交流。

在设计中，还可以设置合作任务和竞赛模式，以激发老年人的合作精神和竞争意识。社交互动的设计应以友好和支持为基础，避免过于激烈或竞争性的游戏元素，确保所有参与者都能在愉快和舒适的氛围中享受游戏。

（六）关注身体反馈与适应能力

体感游戏设计应关注老年人的身体反馈与适应能力。游戏应具备实时监测和调整功能，以适应老年人的身体状态和运动表现。例如，游戏可以根据用户的体力和动作反应自动调整游戏难度或运动强度，避免过度疲劳或不适。

游戏应设有定期休息的提示功能，提醒老年人适时休息，以防止因长时间运动导致的身体不适。设计还应提供健康提示和安全提醒，帮助老年人正确进行运动，并避免潜在的健康风险。

（七）注重心理满足与乐趣

体感游戏的设计应注重心理满足与乐趣。游戏的视觉和听觉效果应富有吸引力和趣味性，以提升老年人的游戏体验。设计中可以融入多种娱乐元素，如音乐、动画和奖励机制，激发老年人的参与兴趣和愉悦感。

通过创造愉快的游戏体验，体感游戏不仅能够提高老年人的身体活动量，还能够改善他们的心理状态和情绪健康。设计应关注老年人的兴趣爱好和情感需求，以确保游戏能够带来全面的乐趣和满足感。

二、体感游戏的健康效益

体感游戏作为一种结合运动和娱乐的创新形式，为老年人提供了一种有效的身体锻炼和心理调节手段。其健康效益体现在多个方面，包括身体健康、认知能力以及心理健康等。

（一）身体健康

体感游戏通过模拟各种运动动作，能够有效促进老年人的身体健康。游戏中的运动模式通常设计为低强度的有氧运动，如步行、轻度的体操或伸展运动，这些运动有助于增强心肺功能和提高全身肌肉的力量。通过定期参与体感游戏，老年人能够改善心血管健康，降低血压，并提高基础代谢率。

此外，体感游戏中的运动活动有助于改善老年人的协调性和平衡能力。游戏通常设计了一些要求精确控制和协调动作的任务，这些任务能够增强老年人的

运动协调能力。通过这些协调性训练，老年人可以减少因平衡失调导致的跌倒风险，从而提高他们的生活自理能力和安全性。

（二）认知能力

体感游戏不仅是身体活动的工具，还具有促进认知能力的功能。在游戏过程中，老年人需要进行策略思考和快速反应，这种认知挑战有助于激活脑部的活跃性。通过处理游戏中的任务和解决问题，老年人能够锻炼记忆力、注意力和信息处理能力。

游戏中的任务通常设计为需要即时反馈和调整策略的模式，这种互动性刺激了大脑的多种认知功能。长期参与体感游戏能够改善老年人的认知功能，有助于延缓记忆衰退和认知能力的下降。此外，体感游戏还能够提高老年人的视觉空间能力和反应速度，这些都对维持认知健康具有积极作用。

（三）心理健康

体感游戏对老年人的心理健康也有显著的益处。游戏中的互动和社交元素能够促进老年人之间的联系，增强社交互动。通过参与多人游戏模式或与他人共同完成任务，老年人能够感受到社交的乐趣，减少孤独感和社交隔离感。

在游戏过程中，老年人还能够体验到心理上的满足感和成就感。完成游戏中的任务和挑战，能够提升自信心和自我效能感。这种积极的情感体验有助于缓解焦虑和抑郁情绪，提高整体心理健康水平。此外，体感游戏通过有趣的视觉和听觉刺激，为老年人带来愉悦感，有助于改善他们的情绪状态和生活质量。

（四）社交联系

体感游戏设计中的社交互动元素能够极大地增强老年人的社会参与感。游戏中的合作模式和竞争模式不仅能够提升参与感，还能够促进老年人之间的交流和合作。这种社交互动对于减少老年人的孤独感和孤立感具有重要意义。

参与体感游戏还能够帮助老年人维持和建立社交网络，通过与他人共同参与游戏，老年人能够扩大社交圈子，建立新的友谊和关系。这种社交联系的增强，有助于提高老年人的生活满意度和幸福感。

（五）生活质量

体感游戏对老年人的生活质量具有多方面的积极影响。首先，体感游戏通过提高身体健康和认知能力，使老年人能够更好地应对日常生活中的各种挑战，增强了身体协调性和平衡能力，提高了老年人日常生活的自理能力和安全性。其次，体感游戏提供的社交互动和心理满足感，能够有效提升老年人的生活满意度和幸福感。通过参与游戏，老年人能够享受娱乐的乐趣，增加生活的多样性和趣味性，从而提升他们的整体生活质量。

（六）长期效益

体感游戏的长期参与能够带来持续的健康效益。老年人通过定期参与游戏，不仅能够维持身体健康和认知能力，还能够保持积极的心理状态。长期的身体活动和社交互动，有助于降低老年人发生慢性疾病的风险，使身体保持长期健康状况。

体感游戏还能够作为老年人日常生活中的一种常规活动，有助于形成健康的生活习惯和行为模式。通过游戏的积极刺激，老年人能够维持良好的身体健康、认知功能和心理状态，从而实现健康老龄化。

三、游戏空间与设备设计

体感游戏的设计不仅涉及游戏本身的功能和内容，还包括游戏空间和设备的优化。为了确保老年人在使用体感游戏时能够舒适、安全地进行活动，游戏空间和设备的设计应充分考虑老年人的特殊需求。

（一）游戏空间的设计

体感游戏的空间设计至关重要，它直接影响到老年人在游戏过程中的安全和舒适性。首先，游戏空间应设计为宽敞且无障碍的环境。这意味着，游戏区域应该尽可能地清理障碍物，如家具边角和地面凸起，以避免老年人在运动过程中碰撞或摔倒。其次，地面应采用防滑材料，以增加摩擦力，降低滑倒的风险。最后，设置适当的保护垫，尤其是在可能的跌倒区域，可以进一步减少意外伤害的风险。

游戏空间的布局也应考虑到老年人的活动范围和身体条件。空间应设计为开放式的，确保老年人在进行体感游戏时有足够的活动自由度。特别是在进行大幅度运动的体感游戏时，空间的宽敞性至关重要。这不仅能够减少老年人因空间狭窄而造成的运动受限，还能增加他们的舒适感和运动效果。

（二）照明和通风

游戏空间的照明和通风设计也是重要的考虑因素。充足的照明可以帮助老年人更好地识别周围环境，避免由于光线不足而引起的视觉障碍。照明应均匀且柔和，避免强烈的对比和刺眼的光源，这可能会影响老年人的视觉舒适度和运动表现。此外，良好的通风系统能够保持空气清新，防止因空气流通不畅导致的不适感。

（三）游戏设备的设计

体感游戏设备的设计应重点考虑老年人的使用便利性。设备的操作界面应简洁直观，避免复杂的设置和操作步骤。为了方便老年人进行游戏，设备的控制方式应尽量简化。例如，使用大按钮和清晰的标识，可以帮助老年人更容易理解和操作设备。设备应具备简便的连接和调节功能，以降低使用中的复杂性和学习成本。

（四）身体支撑和舒适性

设备的设计还需考虑到老年人的身体条件。体感游戏设备应提供可调节的支撑和舒适的握柄，以减少运动过程中的身体负担。例如，设备的握柄应设计为符合人体工程学原理的形状，以提供良好的抓握感和舒适度。支撑结构应具备调整功能，以适应不同老年人的身高和坐姿需求。这样可以有效地减少由于设备不适合导致的身体不适和疲劳。

（五）安全功能的设计

为了确保老年人在使用体感游戏设备时的安全，设备应具有多种安全功能。例如，设备应具备稳定的支撑结构，以防止在运动过程中倾倒或晃动。设备的表面应设计为光滑且无锐利边缘，避免因接触不当而造成的划伤或刺伤。此外，设备应具备防过热和自动断电等安全功能，以防止由于长时间使用引发的电器故障和安全隐患。

（六）设备的耐用性和维护

体感游戏设备应具备良好的耐用性，以应对频繁的使用和可能的磨损。设备的材料应选择高质量、耐磨损的材料，并且设计应考虑到易于清洁和维护。定期对设备进行维护检查，确保其正常运转，能够有效预防由于设备故障引发的安全问题。设备的维护应包括对电缆、按钮、显示屏等关键部件的检查和清洁。

（七）用户体验

设计体感游戏设备时，还应关注老年人的用户体验。设备的外观设计应符合老年人的审美需求，避免复杂和前卫的设计风格。设备的操作说明应清晰易懂，并提供简洁的使用指导，以帮助老年人更快速地上手。通过优化用户体验，能够增强老年人对体感游戏的接受度和参与度。

第四节　老年健康旅游设计

一、健康旅游的设计要点

健康旅游的设计应以老年人的健康需求为核心，提供一个安全、舒适和适宜的旅游环境，以确保他们能够在旅行中保持身心健康。

（一）旅游活动的安排

在健康旅游的设计中，需要考虑老年人的身体条件和运动能力。旅游线路和活动安排应基于老年人的健康状况，选择适合他们的活动强度和类型。设计应

避免安排过于繁重或高强度的活动，如长时间的步行、高强度的体力运动等。但是，设计应包括适度的活动，如轻松的徒步旅行、游览风景名胜、文化体验等，这些活动能够满足老年人对旅游的兴趣，同时不会对他们的身体造成过大负担。

旅游活动安排应注重休息和恢复的时间。每天的行程安排应合理，避免高强度的连贯活动，以防止老年人在旅途中感到疲劳。设计应包括足够的休息时间，并在活动中安排中途休息站，以便老年人可以随时放松和休息。选择舒适的交通工具也非常关键，特别是长途旅行时，舒适的座椅和良好的悬挂系统能够显著提升老年人的旅行体验，减少旅行中的不适感。

（二）健康管理与医疗保障

健康管理和医疗保障是健康旅游设计的重要组成部分。旅游活动中应配备必要的医疗设施和急救设备，以应对突发的健康问题。这包括在旅行途中配备急救箱、急救设备如自动体外除颤器（AED），以及具备急救知识的服务人员。设计中还应考虑到与当地医疗机构的联系，确保在需要时能够迅速获取医疗帮助。

在旅游行程中，提供营养均衡的餐食和饮水设施也是必不可少的。饮食安排应满足老年人的营养需求，包括足够的蛋白质、维生素和矿物质，同时避免高盐、高糖和高脂肪的食物。提供健康的饮水设施，确保老年人能够随时获取干净的饮用水，以保持良好的水分摄取。餐食和饮水安排应灵活应对不同老年人的饮食要求和限制，如低糖、低盐、低脂等特殊饮食需求。

（三）住宿设施的设计

住宿设施的设计应以舒适性和便利性为主要考虑因素。住宿环境应提供足够的空间和舒适的床具，确保老年人能够获得良好的休息和睡眠。房间的布局应考虑到老年人的行动便利，包括宽敞的通道、方便的浴室和安全的扶手等。酒店或住宿设施应配备无障碍设施，如无障碍卫生间、扶手和防滑地面等，以提高老年人的住宿舒适度和安全性。

（四）环境适应性

旅游环境应具备良好的适应性，以应对各种天气和环境变化。例如，在寒冷的天气中，提供足够的保暖设施和衣物；在炎热的天气中，提供遮阳设施和冷却设备。这种环境适应性的设计能够帮助老年人在不同气候条件下保持舒适，避免因环境变化引发健康问题。

（五）社交互动与文化体验

健康旅游还应考虑到老年人的社交需求和文化体验。设计中既可以包括社交活动，如团体活动、社交聚会等，以增强老年人的社会互动和归属感；也可以包括文化体验活动，如参观博物馆、观看演出、参加地方节庆等，可以丰富老年人的旅行体验，增加旅行的趣味性和教育性。

（六）安全保障

旅游中的安全保障是关键。设计中应包括针对老年人的安全措施，例如旅行保险、健康监测设备和安全提示。旅行保险应覆盖常见的健康问题和突发事件，以提供经济保障。健康监测设备，如可穿戴设备，可以实时监测老年人的健康状况，并在必要时提供预警。安全提示应包括旅行期间的注意事项、紧急联系信息和防范措施，帮助老年人更好地应对可能的突发情况。

（七）旅行服务支持

提供全面的旅行服务支持，能够进一步提升老年人的旅行体验。旅行服务包括详细的行程规划、交通安排、导游服务等。这些服务应注重细节，确保每个环节都能满足老年人的需求。导游服务应具备专业知识和良好的沟通能力，能够提供必要的帮助和解答，同时确保旅行活动的顺利进行。

二、旅游活动的安全性与适宜性

在设计老年健康旅游时，确保旅游活动的安全性和适宜性是至关重要的。这不仅能够保护老年人的身体健康，还能提升他们的旅游体验。

（一）低风险活动项目的设计

旅游活动应专注于低风险的活动项目，以确保老年人的安全。设计中应避免

安排高强度的运动或有潜在安全隐患的活动。例如，避免安排高海拔徒步、极限运动、激烈的户外运动等，因为这些活动可能对老年人的身体造成过大的负担或存在较高的事故风险。相反，应选择较为温和且安全的活动，如观光游览、轻松的步行游、温泉浴等，这些活动能够提供良好的体验，同时减少对身体的压力。

为了进一步降低风险，旅游活动中应详细设计安全指南和注意事项。这些指南应包括活动过程中的潜在风险、应急处理措施、个人安全注意事项等。设计中可以考虑提供简明易懂的安全手册，并通过讲解和演示确保老年人能够理解和遵守相关的安全规定。此外，活动现场应配备合格的工作人员，能够在需要时提供帮助和支持。

（二）无障碍设施的配置

老年健康旅游设计应特别考虑无障碍设施的配置，以满足老年人的特殊需求。无障碍设施包括无障碍通道、坡道、电梯等，以方便老年人的出行和活动。设计中应确保所有旅游设施，如酒店、景区、交通工具等，都配备符合无障碍标准的设施。这不仅能够提升老年人的舒适度，还能提高他们的旅行便利性。

在住宿环境中，无障碍设计尤为重要。酒店或住宿设施应提供适合老年人的无障碍房间，这些房间应配备方便使用的设施，如无障碍浴室、扶手、高度适中的床铺等。浴室内应设置防滑地面、扶手和安全座椅，以减少滑倒和摔倒的风险。床铺的设计应考虑到老年人的行动便利，确保床铺高度适中，以便老年人能够轻松上下床。

（三）舒适的住宿条件

舒适的住宿条件是保障老年人旅行体验的重要因素。旅游设计中应选择提供高舒适度的住宿环境，确保床铺、家具和设备均符合老年人的需求。床铺应具备良好的支撑性和舒适性，以保证老年人能够获得充足的休息。床垫应选择适中硬度，避免过软或过硬，以保护老年人的脊椎健康。

住宿环境中的其他设施也应考虑到老年人的需求。例如，房间内应提供易于操作的开关和控制面板，以便老年人能够轻松调节室内照明和温度。家具的设计应考虑到老年人的使用便利，避免尖锐的边角和不稳定的结构。安全设施的配置也应到位，例如房间内的紧急呼叫装置，以便老年人能够在遇到紧急情况时迅速求助。

（四）健康管理的设计

健康管理在旅游活动的设计中占据重要地位。应提供适当的健康管理设施和服务，以保障老年人的身体健康。例如，设计中应包括医疗服务点，提供基本的医疗保障和紧急救助。医疗服务点应配备必要的医疗设备，如急救箱、药品等，并安排专业的医疗人员进行现场值守。

在饮食方面，旅游设计中应注重营养均衡和饮食安全。餐食安排应考虑老年人的特殊饮食需求，应确保餐食的卫生和安全，以避免食品污染和过敏反应。在饮水设施方面，也应提供充足的干净饮用水，以保证老年人的水分摄取。

（五）交通安全的设计

交通安全也是旅游活动中一个重要的设计因素。交通工具的选择应考虑老年人的舒适性和安全性。设计中应选择符合安全标准的交通工具，并确保车辆配备舒适的座椅和良好的悬挂系统，以减少颠簸和不适感。车辆的设计应考虑到老年人的上下车便利，如低地板设计和宽敞的车门，以便老年人能够轻松进出车辆。

在旅途中，驾驶员和导游应经过专业培训，掌握老年人旅行的特殊需求和注意事项。设计中可以提供详细的行程安排和交通信息，以便老年人能够提前了解旅行的细节和注意事项。

三、旅游设施的适老化设计

旅游设施的适老化设计是提升老年人旅游体验的关键环节。合理的设计可以有效提高老年人的舒适性和便利性，从而让他们能够安全、愉快地享受旅游活动。

（一）无障碍要求的设计

旅游设施的无障碍设计是确保老年人顺畅使用设施的基本前提。设计中应

重点考虑以下几个方面。

1. 通道宽度

无障碍通道的宽度应足够宽广，以容纳轮椅、步行辅助器具等设备的通行。通道的宽度建议一般不低于 1.5 米，以避免拥挤和不便。通道表面应平整光滑，避免地面高低差和障碍物，以降低老年人跌倒的风险。

2. 无障碍卫生间

卫生间应设计为无障碍设施，配备符合标准的扶手、紧急呼叫装置和高度适中的洗手盆。卫生间内的地面应采用防滑材料，避免湿滑引发意外。坐便器的高度应适中，以方便老年人坐下和起立。

3. 无障碍电梯

无障碍电梯应具备足够的内部空间和宽敞的门口，以便轮椅和步行辅助器具的进出。电梯内的操作按钮应设置在方便老年人触及的位置，按钮的标识应清晰且易于识别。

4. 辅助设备

设计中应配备扶手、支撑设施和坡道等辅助设备。这些设备应安装在适当的位置，如楼梯两侧、走廊的转弯处等，以提供必要的支持和安全保障。

（二）室内视觉和听觉需求

老年人的视觉和听觉能力可能会随着年龄增长而下降，因此，旅游设施的室内设计需要特别关注以下几个方面。

1. 照明设计

室内照明应明亮而柔和，避免强烈的直射光和眩光。应使用均匀的光源，减少阴影和对比度过大的光线，以提高老年人的视觉舒适度。特别是在楼梯、走廊等关键区域，应设置足够的照明，以确保老年人的安全。

2. 视听设备

设施内的视听设备应适应老年人的感官需求。例如，电视屏幕和显示器应配备大字号显示，并提供高对比度的色彩，以帮助老年人更清晰地看到内容。音响系统应具备调节音量和音质的功能，以满足不同听力水平的需求，且音量控制应直观易懂。

3. 标识和指示

室内标识和指示应采用大字号、清晰易读的字体，并配以图形符号，以帮助老年人更容易识别和理解。重要的指示信息应放置在显眼的位置，避免老年人因视觉问题错过重要的指示。

4. 声音环境

室内的声音环境应尽量减少噪声干扰，避免产生过大的回响或背景噪声。应使用吸音材料或设置隔音设施，以提升老年人的听觉体验。设备的操作声音和提示音应清晰且音量适中，以确保老年人能够听到和理解。

（三）安全性与舒适性的综合考虑

旅游设施的适老化设计不仅需要满足基本的无障碍要求，还应综合考虑老年人的安全性和舒适性。

1. 地面设计

地面材料应选择防滑、易于清洁的材料，以减少滑倒和摔倒的风险。特别是在可能潮湿的区域，如卫生间和入口处，应优先选用防滑地砖或地毯，以确保地面的安全性。

2. 家具布置

家具的布置应考虑到老年人的行动便利，避免设置过多的障碍物。家具的设计应符合人体工程学原理，提供适当的支撑和舒适性。例如，座椅应具有适中的高度和良好的支撑，使老年人能够方便地坐下和起立。

3. 温度控制

室内温度控制系统应提供易于操作的温控装置，以便老年人能够根据个人需求调整室内温度。空调和暖气设备的控制面板应设在方便触及的位置，并具备明确的温度标识和调节功能。

第五节　老年大学课程设计

一、课程设计的原则与目标

老年大学课程的设计应以老年人的兴趣和需求为基础，设定明确的课程目标，以确保课程对老年人的有效性和吸引力。课程设计的核心在于充分理解老年人的学习特点和需求，进而提供符合其实际情况的课程内容和教学方法。

（一）考量学习能力和认知水平

在设计面向老年人的课程时，必须深入考虑他们的学习能力和认知水平的多样性。老年人在学习过程中可能会遇到各种挑战，包括记忆力减退、处理复杂信息的能力下降以及对新技术的适应性问题。因此，课程设计应从以下几个方面着手，以确保课程内容和教学方法能够满足其特殊需求。

1. 适应性内容

课程设计者应选择与老年人认知水平相匹配的知识点，避免使用过于复杂的理论或抽象的概念。例如，在教授计算机基础课程时，应着重于常用软件的使用方法，而不是复杂的编程技术。此外，课程内容应注重实用性和生活相关性，如健康饮食、家庭护理、法律常识等，这些内容不仅易于理解，而且与老年人的日常生活紧密相关，能够激发他们的学习兴趣。

为了帮助老年人更好地掌握学习内容，课程讲解应简明扼要、结构清晰。可以采用分步骤的讲解方式，每一步骤都应清晰明确，避免信息的堆砌。例如，在教授一项新技能时，可以先介绍基本概念，然后逐步演示操作步骤，最后通过实例加深理解。此外，课程中应包含大量的实例和案例分析，使学习内容更加生动和具体，便于老年人理解和记忆。

2. 教学方法

在教学方法上，应采用适合老年人学习的方式。视觉辅助工具如图表、图示和实物演示，能够帮助老年人更直观地理解抽象概念。例如，在教授健康知识时，可以使用图表展示人体结构和常见疾病的影响，或者通过实物演示展示正确的运动方法。互动式教学和小组讨论也是促进老年人学习的有效方法。通过小组讨论，老年人可以在交流中相互学习，分享经验，这不仅有助于知识的吸收，还能增强其社交互动，提高学习的积极性。

3. 节奏和进度

课程的节奏和进度安排也应充分考虑老年人的注意力和记忆力特点。课程内容不宜过多，避免信息过载，以免造成老年人的学习压力。每节课应有明确的学习目标和重点，确保老年人能够在有限的时间内集中注意力，有效学习。例如，可以将课程分为几个模块，每个模块专注于一个主题，通过小步快跑的方式逐步推进。此外，课程设计者应考虑到老年人可能需要更多的时间来消化和吸收新知识，因此，课程进度不宜过快，应给予老年人足够的时间进行复习和练习。

（二）关注身心健康

老年大学课程的设计不仅要关注知识的传授，还应关注老年人的身心健康。

1. 课程内容

在课程内容的设置上，应采取多样化的内容，涵盖艺术、文化、历史和科技等多个领域。这样的设计可以满足老年人的多样化兴趣，帮助他们发掘个人兴趣，并在学习过程中获得愉悦感和成就感。例如，艺术课程可以包括绘画、书法、摄影等，不仅让老年人学习到艺术知识，还能激发他们的创造力和审美能力。文化课程可以涵盖不同国家和地区的文化特点，让老年人拓宽视野，了解多元文化。历史课程则可以让他们回顾过去，理解历史的变迁，从而更好地把握现在。科技课程则可以让他们了解最新的科技发展，提高他们的信息素养，使他们能够更好地适应现代社会。

2. 身心活动

课程设计还应融入有助于身心健康的活动。适度的体能训练，如太极、瑜伽、舞蹈等，可以帮助老年人保持身体的灵活性和协调性，预防慢性疾病，增强免疫力。音乐欣赏、绘画等艺术活动则可以提供精神上的愉悦，缓解压力，提升

心理的健康水平。此外，课程中应安排适量的休息时间，以缓解长时间学习带来的疲劳，保证老年人有足够的时间进行身体和心理的恢复。

3. 心理支持

在心理支持方面，课程设计应考虑到老年人可能面临的心理挑战，如孤独感侵袭和自我价值感的缺失。课程应提供积极的学习环境和支持性氛围，鼓励老年人参与交流和互动。例如，可以设置小组讨论、角色扮演等互动环节，让老年人在交流中分享经验，获得情感支持。课程中还应设置适当的激励措施，如颁发证书、举办作品展览等，以提升老年人的自信心和学习动力。通过这些措施，老年人可以在学习中感受到自己的进步和成就，从而增强自我价值感，减少孤独感。

（三）明确课程目标

课程设计的目标应明确且可达成，涵盖以下几个方面。

1. 知识水平的提升

课程目标应包括提高老年人的知识水平，使他们在感兴趣的领域中获得新的知识和技能。课程内容应有助于丰富老年人的知识储备，增强他们的认知能力和信息处理能力。例如，可以开设历史、文学、艺术欣赏等课程，让老年人了解和学习人类文明的瑰宝。此外，还可以引入一些科普知识，如健康饮食、环境保护等，帮助老年人更好地适应现代社会，提高生活质量。

2. 技能的增强

课程应设置实际可操作的技能培训，帮助老年人掌握实用技能，如计算机操作、外语学习或手工艺品制作。技能培训不仅能提升老年人的自信心，还能提升他们在日常生活中的独立性。例如，计算机课程可以教授老年人如何使用电子邮件、浏览网页、使用社交媒体等，使他们能够与家人朋友保持联系，获取信息。外语课程可以激发老年人学习新语言的兴趣，提高他们的跨文化交流能力。手工艺品制作课程则可以培养老年人的创造力和动手能力，让他们在制作过程中体验成就感。

3. 社交互动的促进

课程设计应包括促进社交互动的环节，如小组活动、讨论和合作项目。社交互动不仅有助于老年人建立社会联系，还能增强他们的社交能力和团队合作意识。课程应营造友好的学习环境，鼓励老年人积极参与社交活动。例如，可以组织一些主题讨论会，让老年人分享自己的生活经验和知识。还可以安排一些合作项目，如社区服务、文化活动等，让老年人在共同参与中建立友谊，增强团队精神。

通过这些课程设计，老年人不仅能够提升自己的知识水平和技能能力，还能在社交互动中找到乐趣，增强自我价值感。这样的课程设计既符合老年人的学习特点，又能够满足他们的实际需求，有助于他们更好地融入社会，享受幸福的晚年生活。

二、教学环境的适老化要求

教学环境的适老化设计对老年大学的课程效果具有重要影响。适老化的教学环境不仅可以提高老年人的学习舒适度，还能显著提升他们的学习效果和参与感。设计中应从照明与通风、座椅设计及辅助设施等多个方面入手，为其提供一个安全、舒适和便利的学习空间。

（一）照明与通风

在适老化教学环境的设计中，照明和通风是两个至关重要的因素，它们会直接影响老年人的学习体验和健康状况。

1. 照明设计

随着年龄的增长，老年人的视力普遍会有所下降，这要求教学环境的照明设计必须考虑他们的特殊需求。照明设计的目标是创造一个既明亮又柔和的环境，以减少视力疲劳和眩光的发生。为了实现这一目标，设计师需要选择能够提供均匀光线的照明设备，避免产生强烈的直射光线和阴影，确保光线在教室内的分布均匀无死角。

在选择照明设备时，可以考虑使用LED灯具，因为它们不仅能够提供稳定的光线，而且具有较长的使用寿命和较低的能耗。此外，LED灯具的色温可以根据需要进行调整，从而提供不同色调的光线。对于老年人来说，暖色调的照明更受欢迎，因为它有助于创造一个舒适的学习氛围，并且对眼睛的刺激较小。暖色调的光线通常在色温上较低，接近自然光的温暖感觉，有助于缓解老年人的视觉压力。

2. 通风设施

良好的通风不仅能够提高老年人的舒适度，还有助于保持室内空气质量，预防呼吸道疾病的发生。在设计通风系统时，应确保教学空间有足够的空气流通，避免因空气不流通而产生湿气和异味。这可以通过配置自动调节的通风系统来实现，该系统可以根据室内外的温差和空气质量自动调节通风量，以保持室内空气的新鲜度。

在通风系统的设计中，还可以考虑安装空气净化设备，以进一步提高空气质量。空气净化设备能够过滤掉空气中的尘埃、花粉、细菌和其他有害物质，为老年人提供更加健康的学习环境。此外，教学空间的窗户设计也应便于开启和关闭，以满足老年人对空气流通的需求。窗户的设计应考虑到老年人的使用习惯和身体状况，确保它们既方便操作，又能够有效地促进空气流通。

（二）座椅设计

在教学环境中，座椅不仅是给学生提供休息的家具，更是影响学习体验和舒适度的关键因素。对于老年人这一特殊群体而言，座椅的设计显得尤为重要，因为随着年龄的增长，老年人的身体机能和感知能力都会有所下降，对座椅的舒适度和安全性有着更高的要求。

首先，从人体工程学的角度出发，座椅的设计必须符合人体工程学原理。这意味着座椅的尺寸和形状要与老年人的身体结构相匹配，以提供最佳的支撑和舒适性。例如，座椅的高度应是可调节的，这样可以适应不同老年人的身高，确保他们的脚能够平放在地面上，膝盖呈90°角，这样不仅有助于保持良好的血液循环，也便于他们方便地坐下和起立。其次，座椅的背部和坐垫的设计也至关重要，它们需要具备适当的支撑性和柔软性，以适应老年人脊椎和臀部的曲线，从而减轻长时间久坐时可能产生的身体压力，预防腰背疼痛等问题。

在安全性方面，座椅的设计同样需要细致考虑。老年人由于肌肉力量和平衡能力的下降，更容易在起立或移动时发生跌倒事故。因此，座椅应具备良好的稳定性和防滑功能，以降低滑倒的风险。座椅的材质选择也应考虑到防滑和耐磨的特性，确保老年人在使用过程中能够保持稳定。此外，座椅的扶手设计对于老年人来说至关重要，它们不仅提供了额外的支撑，帮助老年人更容易从坐姿转换到站姿，还能够在必要时作为辅助工具使用。扶手的高度和角度应适合老年人的使用习惯，既不能过高也不能过低，以确保老年人能够轻松地抓住扶手，获得足够的支撑力。

在实际应用中，座椅的设计还应考虑到老年人可能存在的特殊需求，如对轮椅的适应性。对于需要使用轮椅的老年人，座椅的设计应允许轮椅轻松地接近，并提供足够的空间供轮椅使用者坐下和起立。此外，座椅的材质选择也应考虑到易清洁和维护的特性，因为老年人的免疫系统相对较弱，需要一个更加卫生和安全的环境。

（三）辅助设施

适老化教学环境的构建是教育领域中一个日益受到关注的议题。随着人口老龄化的加剧，越来越多的老年人希望继续学习，充实自己的生活，提高生活质量。为了满足这一群体的特殊需求，教学环境必须进行相应的适老化改造，以确保老年人能够在一个友好、舒适的环境中学习。

1. 视觉辅助

随着年龄的增长，老年人的视力普遍会出现不同程度的下降，如远视、白内障、黄斑变性等问题。因此，教学环境应配备放大镜、放大显示屏等辅助设备，帮助老年人更清晰地阅读和理解教学材料。此外，教学材料的设计也应考虑到老年人的视觉特点，使用大字号和清晰的字体，避免过于复杂的排版，以减少视力负担。在色彩搭配上，应使用高对比度的颜色组合，如黑字白底，以提高文字的可读性。

2. 听力辅助

老年人的听力下降是一个普遍现象，这可能会影响他们接收和理解口头信息的能力。因此，教学环境中应配备助听器和无线传输系统等听力辅助设备，确保声音传输的清晰和稳定。此外，教师在授课时应注意语速，避免过快，以便老年人能够跟上节奏，并理解所讲内容。在课堂上，教师可以通过重复和总结的方式，帮助老年人更好地吸收知识。

3. 其他辅助设施

除了视觉和听力辅助以外，其他辅助设施的配备也是提升老年人学习体验的关键。例如，便捷的书桌和桌面整理器可以为老年人提供足够的空间放置学习资料，帮助他们保持桌面的整洁有序。此外，可调节的桌椅组合能够适应老年人不同的身体需求，如身高、坐姿等，从而减少学习过程中的不适感。在教学环境中，还应考虑到老年人对温度的敏感性，因此温控设备的配置也是必不可少的，以确保室内温度的舒适性。

三、学习活动与辅助工具设计

老年大学课程设计中的学习活动与辅助工具设计是确保教学效果和提升老年人学习体验的关键因素。合理的学习活动和配套的辅助工具可以大大提高老年人的学习积极性和学习成效，从而更好地满足他们的教育需求。

（一）学习活动的多样性与互动性

当今社会，随着人口老龄化的加剧，老年人的教育和学习需求日益凸显。为了满足这一群体的特殊需求，学习活动的设计必须充分考虑老年人的能力和兴趣，提供丰富多样的学习形式，以适应不同学习风格和需求。

1. 学习活动的形式

学习活动的形式应当多样化，以覆盖更广泛的老年人群体。课程活动应涵盖讲座、讨论和实践等多种形式。讲座可以传授基础知识，适合那些喜欢安静学习、对新知识有系统性需求的老年人。例如，可以开设关于健康饮食、传统文化、历史知识等方面的讲座，这些内容不仅能够丰富老年人的知识储备，还能帮助他们更好地适应社会变化，提高生活质量。

讨论活动则能促进老年人之间的互动，增强他们的参与感和思维能力。通过小组讨论，老年人可以分享自己的生活经验和观点，互相学习，互相启发。例如，可以围绕社会热点问题、家庭关系、退休生活规划等话题展开讨论，让老年人在交流中获得新的视角和思考方式。

实践活动如手工制作、艺术创作等，可以激发老年人的兴趣，提高他们的动手能力和创造力。通过参与绘画、书法、园艺、编织等活动，老年人不仅能够锻炼手眼协调能力，还能在完成作品的过程中获得成就感。此外，这些活动还能帮助老年人缓解孤独感，增强社交互动，提升整体幸福感。

通过多种形式的活动组合，能够满足不同老年人的学习偏好和认知水平。设计者应根据老年人的实际情况，灵活调整活动内容和形式，确保每个老年人都能找到适合自己的学习方式。

2. 互动性

互动性是学习活动设计中不可或缺的一部分。互动性强的活动如小组讨论、角色扮演和合作项目，可以激发老年人的学习兴趣，增强他们的参与感和归属感。设计中应设置适当的讨论时间和互动环节，鼓励老年人积极表达意见和分享经验，从而形成良好的学习氛围。

例如，在角色扮演活动中，老年人可以扮演不同的社会角色，体验不同的生活情境，这不仅能够提高他们的同理心和理解力，还能帮助他们更好地适应社会角色的转变。合作项目则可以促进老年人之间的团队合作，通过共同完成任务，增强彼此之间的信任和协作能力。

3. 参与感

课程设计应考虑到老年人的实际参与程度，通过设置互动环节、参与讨论和实践活动，让老年人在学习过程中感受到成就感和满足感。活动设计还应避免过于复杂和繁重的任务，以便老年人能够轻松参与，保持学习的乐趣和积极性。

例如，在手工制作活动中，可以设置不同难度级别的项目，让老年人根据自己的能力和兴趣选择适合自己的任务。在艺术创作活动中，可以提供多样化的

材料和工具，让老年人自由发挥，创作出个性化的作品。通过这些方式，老年人不仅能够体验到学习的乐趣，还能在完成任务的过程中获得自信和尊重。

（二）辅助工具的设计与使用

随着社会老龄化的加剧，老年人的学习需求日益增长。然而，由于生理和心理上的变化，老年人在学习过程中常常面临诸多障碍。为了帮助他们克服这些困难，提高学习效率，辅助工具的设计显得尤为重要。这些工具应充分考虑老年人的特殊需求，提供有效的学习支持。

1．电子教材

电子教材作为一种现代学习工具，其设计应特别注重老年人的使用便利性。首先，考虑到老年人视力普遍下降的问题，电子教材应采用大字号字体，确保文字清晰可见。此外，排版设计应简洁明了，避免过于复杂的页面布局，这样可以减轻老年人在阅读时的视觉负担。电子教材还应具备亮度可调节的功能，以适应不同老年人的视力需求和阅读环境。

在操作界面的设计上，应尽量简洁、直观，避免复杂的菜单和多层次的选项，这样老年人可以快速找到所需的学习内容。例如，可以设置明显的分类标签和搜索功能，使老年人能够轻松地定位到他们感兴趣或需要学习的部分。同时，考虑到老年人可能对新技术的接受程度较低，操作界面应提供清晰的指导说明，帮助他们理解如何使用电子教材的各项功能。

2．大字号书籍

对于传统纸质书籍，大字号排版同样重要。书籍的字号应至少达到 14 磅以上，以确保老年人能够舒适地阅读。此外，高质量的纸张和适当的字体间距也是必不可少的，它们可以减少视觉疲劳，提高阅读体验。书籍的排版应规范，避免使用过多的装饰性字体和颜色，以免分散老年人的注意力。清晰的目录和索引也是必要的，它们可以帮助老年人快速定位感兴趣的内容，从而提高学习效率。

3．辅助记忆工具

辅助记忆工具对于记忆力逐渐下降的老年人来说，是提高学习效率的重要手段。这些工具可以包括记忆卡片、日程安排本和提醒设备等。记忆卡片可以设计成便于携带和翻阅的形式，上面可以印有重要的学习内容或提示，帮助老年人在日常生活中随时复习。日程安排本应具有足够的空间供老年人记录学习计划和进度，同时提醒设备可以帮助他们按时完成学习任务，避免遗忘。

在设计这些辅助记忆工具时，应注重其简洁性和直观性。操作方式应简单易懂，避免复杂的设置和操作步骤，这样老年人可以轻松上手，不会因为操作困难而产生挫败感。此外，工具的设计还应考虑到老年人可能存在的手部灵活性问题，因此，应选择易于握持和翻阅的尺寸和材质。

4. 操作界面与指导说明

无论是电子教材还是传统纸质书籍，抑或是辅助记忆工具，其操作界面与指导说明的设计都至关重要。操作界面应直观易用，避免复杂的菜单和多层次的选项，确保老年人能够快速上手并进行有效使用。指导说明应采用大字号和简洁的语言，以确保老年人能够轻松理解和操作。此外，指导说明还应包括一些基本的故障排除和常见问题解答，帮助老年人在遇到问题时能够自行解决，减少对他人帮助的依赖。

参考文献

[1] 姜霖，陈雨涵 . 智慧城市老年人出行主动服务系统设计研究 [M]. 合肥：合肥工业大学出版社，2022.

[2] 周砚钢 . 都市老年社区服务设计研究 [M]. 南京：江苏凤凰美术出版社，2022.

[3] 邱建伟，纪琼骁，尚世睿 . 养老服务机构管理者培训 [M]. 北京：中国协和医科大学出版社，2020.

[4] 山娜 . 老龄社会与适老化设计 [M]. 北京：中国商业出版社，2021.

[5] 屠其雷，宋朝功，熊宝林 . 老年康复适宜技术 [M]. 北京：北京理工大学出版社，2021.

[6] 王宇 . 城市公共空间设计与系统化建设研究 [M]. 长春：吉林科学技术出版社，2022.

[7] 汪丽君，舒平，卢杉 . 城市既有住区公共空间适老化更新策略 [M]. 天津：天津大学出版社，2019.

[8] 陈盛君 . 适老化住宅设计全书 [M]. 南京：江苏凤凰科学技术出版社，2024.

[9] 韩璐 . 适老化康复景观设计研究与应用实践 [M]. 天津：天津人民美术出版社，2023.

[10] 汪丽君，刘荣伶，孙旭阳 . 城市小微公共空间情感化设计与适老化研究 [M]. 武汉：华中科技大学出版社，2023.

[11] 刘正权，胡国力 . 居家适老化设计与评价 [M]. 北京：中国建材工业出版社，

2021.

[12] 于鹏 . 适老化空间环境设计特色研究 [M]. 长春：吉林美术出版社，2019.

[13] 滕娅 . 居住空间适老化室内设计衍生研究 [M]. 长春：吉林美术出版社，2019.